武汉常见植物图鉴

WUHAN CHANGJIAN ZHIWU TUJIAN

杨春松 著

华中科技大学出版社

中国·武汉

图书在版编目 (CIP) 数据

武汉常见植物图鉴 / 杨春松著 .—武汉 : 华中科技大学出版社，2022.11
ISBN 978-7-5680-8856-5

Ⅰ.①武…　Ⅱ.①杨…　Ⅲ.①植物 - 武汉 - 图集　Ⅳ.① Q948.526.31-64

中国版本图书馆CIP数据核字(2022)第213425号

武汉常见植物图鉴　　　　　　　　　　　　　　　　　　　　　　杨春松　著
Wuhan Changjian Zhiwu Tujian

策划编辑：李　欢　李家乐
责任编辑：张　琳
封面设计：廖亚萍
责任校对：曾　婷
责任监印：周治超
出版发行：华中科技大学出版社 (中国·武汉)　　电话：(027)81321913
　　　　　武汉市东湖新技术开发区华工科技园　　邮编：430223
录　　排：华中科技大学惠友文印中心
印　　刷：武汉科源印刷设计有限公司
开　　本：889mm×1194mm　1/16
印　　张：11.5
字　　数：315 千字
版　　次：2022 年 11 月第 1 版第 1 次印刷
定　　价：128.00 元

＼ 前　言 ＼

　　武汉市位于江汉平原东部，长江中游，长江、汉水交汇处。地貌以平原为主，南北多有丘陵，北部低山林立。全市东西最大横距约 134000 米，南北最大纵距约 155000 米，土地面积 8569.15 平方千米，平原海拔高度 19.2 米，山林海拔 873.7 米以下，大部分地区在 50 米以下。武汉市地处北亚热带与中亚热带的过渡带上，属亚热带季风性湿润气候，常年雨量丰沛、热量充足、四季分明、冬冷夏热，年平均气温 15.8—17.5℃。淡水资源十分丰富，地区植物区系复杂，物种多样性较高。

　　武汉市植物区系属中亚热带常绿阔叶林向北亚热带落叶阔叶林过渡的地带。常绿阔叶林和落叶阔叶林组成的混交林是全市典型的植被类型。长江、汉江以南以樟树、油茶、女贞等植物为代表；长江、汉江以北以马尾松、水杉、悬铃木等植物为主。与其他地区植物种类相比，武汉的植物外来成分较高，且种类相当丰富，外来种大部分作为观赏、药用、饲料植物被引入。

　　如何识别这些植物成为大家生活和学习中的难题。现有植物鉴别的资料大都是从专业的角度，利用自然分类法对武汉地区的植物进行介绍，鉴别过程十分复杂，对专业素养的要求较高，非植物研究人员很难利用这些资料去识别植物。本书从生活常识出发，结合分类学基本原理，以市民日常活动区域为范围，选取 200 余种与生活所见紧密相关的植物，采取常识性的分类方式，用通俗易懂的文字和原色照片进行介绍，便于非专业人员快速、准确地识别植物，不仅为市民普及科学知识，还为市民识别常见植物提供便利，更为教师教学、学生实习提供帮助，能激发广大学生探索自然、保护环境。本书也可作为植物分类的参考书籍。

　　由于时间和学识有限，本书对武汉市常见植物的搜罗并不完整，错漏难免，恳请专家和读者批评指正，以便完善。

\ 目　录 \

木本植物 084

第一章　植物的主要类群

地球上现存的植物有几十万种，从低等到高等大致可分为藻类植物、苔藓植物、蕨类植物、裸子植物和被子植物这几个类群。其中，藻类植物、苔藓植物和蕨类植物都是依靠孢子来繁殖后代，又被称为孢子植物，裸子植物和被子植物都是依靠种子来繁殖后代，因而统称为种子植物，被子植物在所有植物类群中属于最高等。从苔藓植物开始，植物具有了茎、叶器官的分化，蕨类植物具有根、茎、叶，裸子植物具有根、茎、叶、孢子叶球和种子，被子植物具有根、茎、叶、花、果实、种子。

$$
\left.\begin{array}{l} 藻类植物 \\ 苔藓植物 \\ 蕨类植物 \end{array}\right\} 孢子植物
$$

$$
\left.\begin{array}{l} 裸子植物 \\ 被子植物 \end{array}\right\} 种子植物
$$

一、藻类植物

藻类植物是比较原始的植物，主要靠光能自养，繁殖后代以无性生殖为主。藻类植物大多生活在水中，结构简单，形态大小相差悬殊，从直径数微米到体长 200 米以上。有单细胞的，如绿藻、衣藻；有多细胞的，如海带、巨藻等。但即便是大型藻类，植物体也没有真正的器官分化，海带从外形上可以分为根、茎、叶，但其体内并没有维管系统，所谓"根"只是能行使附着作用的假根。

藻类植物对环境的适应能力很强。淡水、海洋、冰雪、温泉等各种环境中都有藻类植物生活：有直接暴露在大气中的气生藻类植物；有生长在土壤里面或表面的土壤藻类植物；有附着在动、植物体表的附生藻类植物；有生长在动植物体内的内生藻类植物；有的和其他生物营共生生活的共生藻类植物。总之，藻类植物的生活习性多种多样，各种环境中几乎都有藻类植物的存在。

武汉地区常见的淡水藻类植物主要有水绵、衣藻、小球藻等。菜市场和超市中常见的海带、紫菜等为海洋藻类植物，许多药店里有螺旋藻等淡水藻类植物出售。

二、苔藓植物

苔藓植物多生活在阴湿的环境中，不具备维管组织和真根，大多矮小，大部分不超过 5 厘米，少数种高达 30 厘米。苔藓植物广布世界各地，从极地到热带均可见，在潮湿的环境中最为繁茂，但在海洋中没有发现。苔藓植物在干燥和冰冻的条件下均极能耐受。用孢子繁殖后代，在有性生殖时，必须借助水，因而在陆地上难以进一步适应和发展，这都表明苔藓植物是由水生到陆生的过渡类型。苔藓植物对人类有重要的经济价值，可用于农业、园艺业。

　　苔藓植物根据形态一般可以分为两类：苔类和藓类。苔类植物是背腹扁平的叶状体，藓类植物有茎、叶的器官分化和假根。

　　武汉地区苔藓植物常见于潮湿和有一定光照的地方，如墙角，老树干等。

三、蕨类植物

　　蕨类植物较为大型，属于孢子植物中的高等类型。具有根、茎、叶的器官分化，体内具备由管胞构成的输导组织，水分的运输效率和机械支撑力都比苔藓植物强得多，因而较能抗干旱，相对比较高大，常见种类株高1—40厘米，有的可以高达10米以上，杪椤是唯一现存的高大蕨类。蕨类植物的分布范围十分广泛，高海拔的山区、干燥的沙漠、岩地、水里或原野等地区均有分布。蕨类植物喜阴暗、潮湿、温暖的环境，许多物种为附生植物。蕨类植物的繁殖不需要水的淹没，属于完全适应陆生的植物。水生的蕨类植物有满江红等。许多蕨类植物的幼茎可食用，有的可做药材，如卷柏等。

　　蕨类植物的孢子囊群一般分布在叶片的背面或边缘，呈星点状或带状，孢子囊群成熟后一般为褐色，可以作为鉴定蕨类植物的显著特征。

　　武汉地区蕨类植物常见于潮湿和有一定光照的地方，比较大型的蕨类植物也见于路边沟渠和野外。

四、裸子植物

　　裸子植物是原始的种子植物，现存800余种，几乎全是高大的乔木。裸子植物的优越性主要表现在种子繁殖上。裸子植物具有维管束，用种子繁殖后代。裸子植物在植物界中的地位，介于蕨类植物和被子植物之间。

　　裸子植物多数种类为常绿乔木，体内输导组织由大量管胞构成，比蕨类植物要发达，机械支撑力强，可以长得十分高大。

　　武汉地区常见的有各种松、杉、柏和苏铁、银杏，多用于行道树和园林栽种，水杉是武汉市市树。

五、被子植物

　　被子植物，又称为绿色开花植物，是植物界最高级的一类，也是地球上最完善、适应能力最强、出现得最晚的植物。被子植物种类众多，具有极其广泛的适应性，这与其结构复杂、完善、形态多样化是分不开的，特别是繁殖器官的结构和生殖过程的特点，形成了适应、抵御各种环境的内在条件，使其在生存竞争、自然选择的斗争中，不断产生新的变异，诞生新的物种。

　　被子植物的习性、形态和大小差别很大，有极微小的青浮草，也有巨大的乔木桉树。大多数直立生长，但也有缠绕、匍匐或靠其他植物的机械支持而生长的。被子植物多含叶绿素，自己制造养料，但也有腐生和寄生的。有几个科的植物是肉食的，如猪笼草科植物以昆虫和其他小动物为食物。许多被子植物是木本的（乔木和灌木），但多为草本，草本被子植物比木本被子植物具有更多进化特征。

类别	生境	形态大小	器官	输导组织	繁殖方式
藻类植物	水生	小，多为单细胞	无	无	孢子繁殖
苔藓植物	阴暗、潮湿	低矮	茎、叶	无	孢子繁殖
蕨类植物	较潮湿	较矮	根、茎、叶	管胞	孢子繁殖
裸子植物	陆生	多数高大	根、茎、叶、孢子叶球、种子	大量管胞	种子繁殖
被子植物	各种生境	形态多样	根、茎、叶、花、果实、种子	导管	种子繁殖

花是被子植物独有的繁殖器官，开花、传粉、受精，形成果实和种子，种子里有胚，可以发芽，长成新的植株。被子植物多异花传粉，少数自花传粉。花粉粒落到雌蕊的柱头上后，萌发并产生花粉管，花粉管内产生两个精子，一个与卵细胞结合受精，发育成胚，另一个与两个极核结合，形成胚乳，用于贮藏养料供种子萌发。因为两个精子均参与受精，称为双受精作用，为被子植物所独有。

被子植物根据种子中子叶数量可分为双子叶植物和单子叶植物，它们的基本区别如下。

分类	双子叶植物	单子叶植物
子叶	具2片子叶	具1片子叶
根	直根系	须根系
茎	维管束呈环状排列，有形成层	维管束呈星散排列，无形成层
叶	网状脉	平行脉或弧形脉
花	各部分基数为4或5，花粉粒具3个萌发孔	各部分基数为3，花粉粒具单个萌发孔
胚	2片子叶	1片子叶

以上区别点不是绝对的，实际上有交错现象，如双子叶植物纲中的毛茛科、车前科、菊科等有须根系植物；胡椒科、睡莲科、毛茛科、石竹科等有维管束星散排列的植物；樟科、木兰科、小檗科、毛茛科有3基数的花；睡莲科、毛茛科、小檗科、罂粟科、伞形科等有1片子叶的现象。单子叶植物纲中的天南星科、百合科、薯蓣科等有网状脉；眼子菜科、百合科、百部科等有4基数的花。

第二章　植物的类别

低等植物（如藻类）可以是单细胞，大多生活在水中。高等植物，特别是被子植物，根据生活环境，可以分为水生植物和陆生植物两大类。水生植物根据根的着生状况和茎出水的高度又可以分为沉水植物、浮水植物、挺水植物和湿生植物。陆生植物根据茎中木质纤维素的含量，可以分为木本植物、草本植物和藤本植物；草本植物根据生活的年限，可以分为一年生植物、两年生植物和多年生植物；木本植物根据外观形态不同，特别是主茎是否明显，可以分为灌木、半灌木和乔木。这几种分法容易辨识，符合大家日常认识植物的常识，便于普通市民掌握。具体如下。

一、水生植物

（一）沉水植物

沉水植物的根扎在水下泥土之中，有的茎也生在泥土中，整株沉没在水面之下，仅在开花时花柄、花朵才露出水面。通气组织特别发达，叶多为狭长或丝状。沉水植物在水下弱光的情况下也能正常生长并在白天制造氧气，有利于平衡水体中的化学成分和促进鱼类的生长，所以对水体净化、维持湖泊的清水稳态具有重要作用。代表植物有菹草、水车前、苦草、金鱼藻、眼子菜等。

（二）浮水植物

浮水植物的茎叶漂浮于水面或水中，根系悬垂于水中吸收养分却没有固定点而使植株漂浮不定。浮水植物一般用在园林水景中，用来点缀水面、庭院小池。代表植物有荇菜、凤眼蓝等。

（三）挺水植物

挺水植物的根或茎扎入泥中生长发育，但茎叶挺出水面。花色艳丽，花开时离开水面。代表植物有黄菖蒲、荷花等。

（四）湿生植物

湿生植物生活在草甸、河、湖岸边或沼泽等潮湿环境，根或地下茎不能忍受长时间的水分不足，是抗旱力低的植物。代表植物有美人蕉、梭鱼草、狼尾草等。

二、陆生植物

（一）木本植物

木本植物可分为乔木、灌木和半灌木三类，也可按常绿、落叶或阔叶、针叶等方式来分。

1. 乔木

乔木植株一般高大，主干显著而直立，在距地面较高处的主干顶端，由繁盛分枝形成巨大树冠的木本植物，代表植物有泡桐、杨、榆、松等。

2. 灌木

灌木植株较矮小，无显著主干，近地面处枝干丛生，如大叶黄杨、迎春、紫荆、木槿、南天竹等。灌木和乔木的区别，不是内部结构的不同，而是生长型的不同，在特定的环境下，有些灌木和乔木在形态上可以相互转换。

3. 半灌木

半灌木外形类似灌木，但地上部分为一年生，越冬时枯萎死亡，如金丝桃、黄芪和某些蒿属植物。

（二）草本植物

草本植物可分为一年生、二年生和多年生植物。

1. 一年生植物

一年生植物是在一个生长季内完成全部生活史的植物。这类植物从种子萌发到开花结实，直至枯萎死亡，在一个生长季内完成，如水稻、玉米、高粱、大豆、黄瓜、向日葵等。

2. 二年生植物

二年生植物是在两个生长季内完成全部生活史的植物。这类植物第一年播种后当年萌发，仅长出根、茎、叶等营养器官，越冬后第二年才开花结实直至枯萎死亡，如白菜、胡萝卜、菠菜、冬小麦、洋葱、甜菜等。

3. 多年生植物

多年生植物是生存期超过两年的植物。地上部分每年生长季节末死亡，地下部分（根或地下茎）为多年生，如薄荷、菊、鸢尾、百合等。

（三）藤本植物

不论是木本植物还是草本植物，凡茎干细长不能直立，匍匐地面或攀附他物而生长的，统称为藤本植物。根据茎中木质纤维含量的多少可分为草质藤本和木质藤本。草质藤本如牵牛等，木质藤本如葡萄等。

第三章　植物的器官

被子植物有根、茎、叶、花、果实和种子六大器官，是所有植物类群中器官最多、最全、最完善的。其中根、茎、叶是营养器官，花、果实和种子是繁殖器官。

1. 根

1）根的功能和分类

根的主要功能是吸收、固着与支持、输导、合成、贮藏与繁殖。

一株植物根的总和称为根系，根据主根是否明显粗壮，可分为直根系和须根系。

（1）直根系：凡是主根粗壮发达，主、侧根区别明显的根系称为直根系。大多数双子叶植物都是直根系，反过来，如果看到直根系的植物，可以朝双子叶植物方向去判断，但不能绝对。

（2）须根系：主根不发达，或生长缓慢、停止生长，主要由茎基部产生许多较长的粗细相似的不定根所组成的根系称为须根系，大多数单子叶植物都是须根系，反过来，如果看到须根系的植物，可以朝单子叶植物方向去判断，但不能绝对。

2）根的变态

植物的营养器官为了执行特殊的生理功能而改变了原有的形态和结构，这种现象称为变态，变态是植物为了适应环境，长期演变进化的结果。

（1）肉质直根：主根膨大而形成，呈圆柱状，具有贮藏功能，如萝卜、甜菜等。

（2）块根：由不定根或侧根膨大而形成，形状不规则，具有贮藏功能，如红薯等。块根与肉质直根的区别在于，肉质直根是直根系，块根是由须根系形成的，所以肉质直根在一株植物上只有一个，而块根在一株植物上可以有很多。

（3）支持根：茎基部节上向下生长的不定根，用来扩大根部的支持面积，避免地上部分倒伏，如榕树、玉米等。

（4）攀缘根：茎的一侧产生不定根附着在其他植物体或物体上，使植物能攀缘生长，如常春藤、凌霄等。

（5）呼吸根：生长于湿地的一些植物，其部分根向上生长伸出地面进行呼吸，如水杉等。

（6）寄生根：寄生植物其叶退化，茎上产生不定根伸入寄主茎内吸取养分，也称为吸盘，如菟丝子等。

2. 茎

茎在被子植物六大器官中具有非常重要的地位，因为其余五种器官都着生在茎上，或者说与茎相连，它们不能直接相连。茎的主要生理功能是支持、输导、贮藏和繁殖。茎可以分为地上茎和地下茎，它们都具有共同的特征，如芽、叶痕、节等，这些特征是判别植物的器官是否是茎的重要依据。

芽，一般生长在茎的顶端或叶腋处。生长在顶端的叫顶芽，生长在叶腋处的叫侧芽，叶痕是叶落后在茎上留下的叶柄痕迹。

1）地上茎

比较常见的地上茎有直立茎、攀缘茎、缠绕茎和匍匐茎。

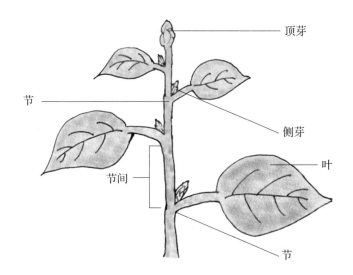

（1）直立茎：茎的普通形式，即通常所见，背地向上生长。

（2）攀缘茎：茎细长柔软不能直立，必须利用一些变态器官如茎卷须、吸盘等攀缘于其他物体上，才能向上生长，如丝瓜、葡萄、豌豆、爬山虎等。

（3）缠绕茎：细长柔软的茎，茎本身缠绕于其他支柱物上，不形成特殊的攀爬器官，如牵牛、紫藤等。

（4）匍匐茎：茎平卧在地面上蔓延生长。匍匐茎节间上、节上生有不定根，如草莓、甘薯等。

有些植物的地上茎还会变态为肉质茎、叶状茎或叶状枝、茎刺等。

肉质茎常见的有仙人掌、莴笋等；叶状茎或叶状枝，茎变成绿色的扁干状或针叶状，常见的有文竹、假叶树、天门冬；茎刺主要起保护作用，常见的有山楂、枸杞、月季、蔷薇等。

2）地下茎

比较常见的地下茎有根状茎（根茎）、块茎、球茎、鳞茎。

（1）根状茎（根茎）：横卧地下，肉质膨大呈根状，节与节间明显，节上有退化的鳞片叶，具顶芽和腋芽，如芦苇、竹、藕、姜等。

（2）块茎：肉质肥大呈不规则块状，节间很短，节上具芽，叶退化成小鳞片或早期枯萎脱落，如马铃薯、山药等。

（3）球茎：肉质肥大呈球状或扁球状，节与节间明显，节上叶片常退化成鳞片状，顶芽发达，腋芽常生于上半部，基部具不定根，如慈姑、荸荠、芋等。

（4）鳞茎：球状或扁球状，茎极度缩短称为鳞茎盘，盘上生有肉质肥厚的鳞叶，顶端有顶芽，叶腋有腋芽，基部具不定根，如百合、洋葱等。

3. 叶

叶是植物重要的营养器官，是光合作用的主要场所。一片完全叶由叶片、叶柄、托叶三部分组成，缺少其中一到两个部分的称为不完全叶。对叶的辨识一般从叶形、叶缘、质地、叶脉、叶序、单叶与复叶几个方面来进行。

1）叶形

叶形指叶的整体形状或轮廓，一般可以分为针形、披针形、剑形、椭圆形、卵形、心形、盾形、菱形等。

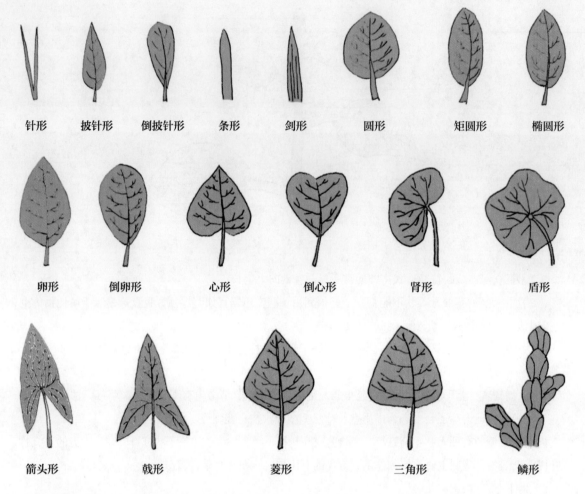

| 针形 | 披针形 | 倒披针形 | 条形 | 剑形 | 圆形 | 矩圆形 | 椭圆形 |

| 卵形 | 倒卵形 | 心形 | 倒心形 | 肾形 | 盾形 |

| 箭头形 | 戟形 | 菱形 | 三角形 | 鳞形 |

2）叶缘

叶缘指叶的边缘。如果光滑无凸起，称为全缘；如果有波浪状或锯齿状起伏，称为缺刻，有的叶片缺刻很深，有的较浅，这也是辨识植物的重要依据之一。

3）质地

根据叶片的厚度、叶表面是否被蜡质，可分为纸质和革质。纸质叶片较柔软、较薄，可在一定程度上折叠；革质叶片一般较厚，被蜡质，有光泽，不易折叠。纸质叶片水分容易散失，冬天会掉落，革质叶片能保住水分，冬天一般不掉落。

4）叶脉

叶脉分布在叶肉中，是叶片的骨架，具有支持作用；叶脉中还有导管和筛管，所以还有输导作用。叶脉在叶上的分布形态称为脉序，脉序可分为网状脉、平行脉和叉状脉三种。

（1）网状脉：主脉与侧脉彼此交叉，构成网状结构。网状脉分两种，羽状网脉和掌状网脉。羽状网脉中间一根主脉明显，由主脉上发出各级分支，与羽毛的形态接近，如苹果、桃等；掌状网脉有两根以上的主脉，呈掌状分布，各主脉再发出各级分支，如枫树、蓖麻、葡萄等。掌状网脉的叶片往往伴有深裂。

（2）平行脉：主脉不明显，各侧脉或分支彼此平行不交叉。根据平行方式不同，平行脉可分为以下几种：直出平行脉，如玉米、水稻、小麦等；侧出平行脉，如芭蕉、美人蕉等；弧状平行脉，如车前、玉簪、鸭跖草等；射出平行脉，如棕榈、蒲葵等。

（3）叉状脉：没有明显的主脉，每根叶脉呈叉状分枝，如银杏。

| 羽状网脉 | 掌状网脉 | 叉状脉 |

| 直出平行脉 | 侧出平行脉 | 弧状平行脉 | 射出平行脉 |

5）叶序

叶在茎上的排列方式称为叶序，叶序有互生、对生、轮生、簇生四种形态：互生叶序，每个节上只着生一片叶，如樟、向日葵等；对生叶序，每个节上着生两片叶，排列在一条直线上，如女贞、石竹等；轮生叶序，每个节上着生三片或三片以上的叶，如夹竹桃等；簇生叶序，茎或枝的节间极短，多片叶在着生处呈束状簇生，如银杏等。

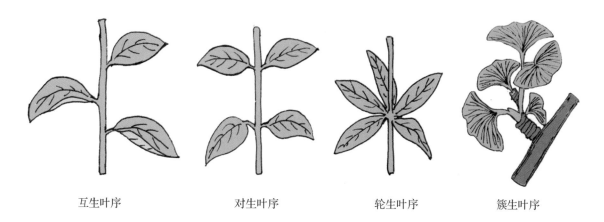

| 互生叶序 | 对生叶序 | 轮生叶序 | 簇生叶序 |

6）单叶与复叶

一个叶柄上只有一个叶片，称为单叶，如苹果、樟等；叶柄上着生两个以上的、完全独立的小叶（片），称为复叶，如月季、南天竹等。

叶的变态可分为以下几种类型：鳞叶，贮藏作用的肥厚叶片，非绿色；叶卷须，变为卷须，攀缘；叶刺，变态为刺；捕虫器，捕虫，瓶状，内有分泌消化液的腺体。

4. 花

花是被子植物独有的生殖器官，从起源上来讲，是适应生殖的变态的短枝。一朵完整的花可分为花柄、花托、花被、雌蕊群、雄蕊群五个部分。花柄是连接花和茎的短柄。花托是花柄末端膨大的结构，用来着生花的其他部分。花被分为花萼和花冠，花萼由萼片组成，花冠由花瓣组成。花的各个部分中，雌蕊最重要，因为它将来会发育成果实。雄蕊分为花药和花丝两个部分：花药含花粉，能传播到雌蕊上；雌蕊分柱头、花柱、子房三部分，柱头的主要作用是接受花粉，子房里面有胚珠，受精后，子房发育成果实，胚珠发育成种子。花的结构是辨别植物的重要指标。

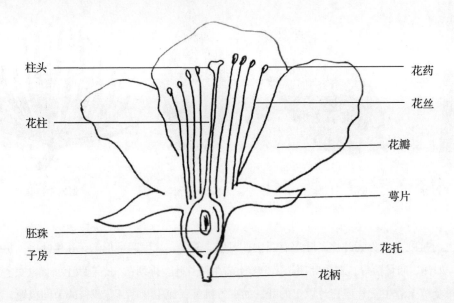

花的各个部分都具备的称为完全花，缺少其中一部分或几部分的称为不完全花。花中只具备雄蕊或雌蕊的为单性花，雌蕊和雄蕊都具备的为两性花。花茎上只着生一朵花的为单生花。如果多朵花在花轴上（总花柄，花序轴）有规律地排列，就称为花序，根据排列方式、开放顺序等，花序可分为有限花序和无限花序。一般开花顺序从上至下，或从中间到外围的，属于有限花序；开花顺序从下至上，或从外围到中间的，属于无限花序。

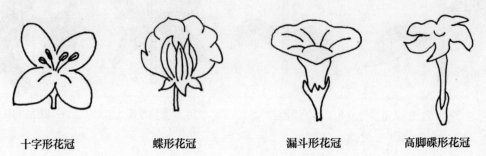

十字形花冠　　　蝶形花冠　　　漏斗形花冠　　　高脚碟形花冠

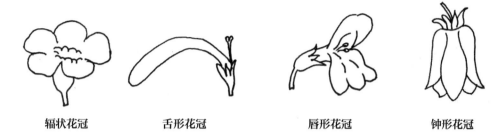

| 辐状花冠 | 舌形花冠 | 唇形花冠 | 钟形花冠 |

一朵花中所有花瓣总称为花冠,花瓣彼此分离的称为离瓣花冠,各瓣有不同程度合生的称为合瓣花冠。从花冠外形来分类,离瓣花冠主要有十字形(如油菜)、蝶形(如野豌豆)等;合瓣花冠主要有漏斗形(如牵牛)、高脚碟形(如水仙)、辐状(如番茄)、舌形(如向日葵)等。

5. 果实

果实由子房发育形成,有的植物花托也参与了果实的形成。花与果实的对应发育关系如下。

果实成熟后,根据果皮的干燥程度,可分为肉果和干果。

1)肉果

肉果果皮肉质多汁,可以再分为核果、梨果、浆果、瓠果、柑果。核果,内果皮木质化,如桃;梨果,花托参与果皮的形成,如苹果;浆果,如葡萄;瓠果,如黄瓜;柑果,如橘、橙。

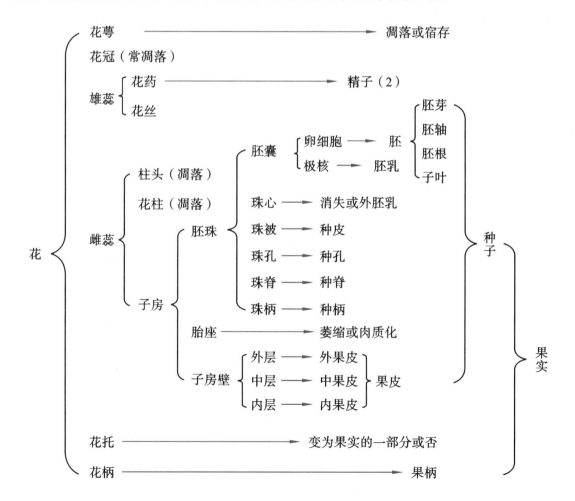

2）干果

干果果皮干燥，根据成熟后是否开裂，可分为闭果和裂果。

（1）闭果：分为坚果、颖果、瘦果、翅果、双悬果。坚果，果皮完整无开裂痕，如板栗；颖果，果皮和种皮愈合在一起，如玉米；瘦果，果皮为硬壳，与种皮分离，如向日葵；翅果，果皮完整且朝外凸起呈翅状，如枫杨、榆钱；双悬果，果实成熟后从中缝开裂，如胡萝卜。

（2）裂果：分为角果、荚果、蒴果、蓇葖果。角果，果皮沿腹缝线和背缝线开裂，中间具假隔膜，如油菜、荠菜；荚果，果皮沿腹缝线和背缝线开裂，或不开裂，如花生、大豆；蒴果，由复雌蕊发育而成，沿多条线开裂，如棉花、芝麻；蓇葖果，由具离生心皮的单雌蕊发育而成，沿腹缝线或背缝线一侧开裂，如八角茴香。

6. 种子

种子由种皮、胚和胚乳三部分构成，胚又由胚芽、胚轴、胚根和子叶四部分构成。根据种子成熟后有无胚乳，可以分为有胚乳种子和无胚乳种子；根据子叶数目，可以分为单子叶和双子叶。

第四章 武汉常见植物

1. 介绍方式

本书按生活常识，将武汉市常见植物分为藻类植物、苔藓植物、蕨类植物、裸子植物和被子植物，其中被子植物又分为草本植物、木本植物、藤本植物、水生植物这几类。

2. 主要介绍的植物

本书介绍草本植物116种，木本植物105种，藤本植物14种，水生植物8种，裸子植物9种，总计252种。

● 草本植物

万寿菊 加拿大飞蓬 向日葵 波斯菊 苍耳 金鸡菊 鬼针草 黄金菊 反枝苋 鸡冠花 牛筋草 狗尾草 稗 曼陀罗 烟草 野燕麦 马铃薯 龙葵 油菜 紫菜薹 青菜 荞麦 辣蓼 酸模叶蓼 地肤 市藜 藜 蚕豆 豌豆 凤仙花 刺果毛茛 大花马齿苋 环翅马齿苋 宝盖草 泽漆 紫茉莉 繁缕 通泉草 苘麻 鸭跖草 拉拉藤 细穗藜 一年蓬 苦苣菜 莴苣 蒿草 荠菜 诸葛菜 婆婆纳 平车前 报春花 紫云英 苋菜 一枝黄花 大丽菊 瓜叶菊 马兰 蒲公英 白花车轴草 野豌豆 蚕茧草 羊蹄 白鹤芋 广东万年青 海芋 花叶万年青 花烛 葱莲 韭莲 君子兰 石蒜 水仙 佛甲草 落地生根 长寿花 老鹳草 天竺葵 蝴蝶兰 铁皮石斛 破铜钱 铜钱草 百合 文竹 萱草 喜旱莲子草 两耳草 狼尾草 竹 活血丹 一串红 土人参 万年青 乳浆大戟 仙人球 仙客来 冷水花 凤梨花 商陆 扁竹兰 接骨草 猫眼竹芋 石竹 秋海棠 红花酢浆草 美丽月见草 美人蕉 美女樱 芭蕉 虎耳草 酸浆 风信子 香附子 马蹄金 鱼腥草 鹤望兰 剑麻

● 木本植物

阔叶十大功劳 南天竹 狭叶十大功劳 红花檵木 檵木 棣棠 火棘 金樱子 蓬蘽 连翘 金森女贞 小叶女贞 牡荆 五色梅 金铃花 木芙蓉 粉紫重瓣木槿 朱瑾 八角金盘 鹅掌藤 散尾葵 袖珍椰子 棕竹 夹竹桃 长春花 一品红 三角梅 倒挂金钟 冬青卫矛 凤尾兰 含笑 朱砂根 小叶栀子 杜鹃 枸骨 洒金桃叶珊瑚 海桐 紫荆 结香 绣球 茶花 金丝桃 金边黄杨 龟背竹 白玉兰 鹅掌楸 荷花木兰 紫玉兰 垂丝海棠 光叶石楠 海棠花 红叶石楠 梨 枇杷 球花石楠 日本晚樱 石楠 桃 月季石榴 紫叶李 枫杨 化香树 合欢 槐 龙爪槐 朱缨花 构树 金钱榕 桑 无花果 印度榕 大叶垂榆 榔榆 肉桂 香樟 鱼尾葵 棕榈 红枫 鸡爪槭 三角槭 栾树 垂柳 意杨 桂花 女贞 乌桕 剑叶龙血树 喜树 悬铃木 昆士兰伞木 杜英 枣 枫香树 柚 梧桐 楝 泡桐 瓜栗 盐麸木 石榴 紫薇 臭椿 菜豆树 野鸦椿 香龙血树

● 藤本植物

打碗花 牵牛 茑萝 草莓 蛇莓 扁豆 紫藤 络石 美国凌霄 葎草 迎春花 金银花 鸡屎藤 猪笼草

● 水生植物

王莲 睡莲 再力花 凤眼蓝 梭鱼草 芦苇 荇菜 荷花

● 裸子植物

三尖杉 侧伯 水杉 池杉 罗汉松 苏铁 落羽杉 银杏 雪松

草 本 植 物

万寿菊

一年生草本植物。观赏花卉，常作园林绿化。可食用。对有害气体有抗性和吸收作用。根、叶、花均可入药，有清热解毒、消肿、镇静、降压、扩张支气管、解痉及抗炎的功效，可用于治疗感冒、咳嗽、上呼吸道感染、咽炎、支气管炎、口腔炎、眼角膜炎等，外用可治疗乳腺炎、腮腺炎、痈疮肿毒等。

【别称】孔雀菊、臭芙蓉、臭菊花、蜂窝菊、孔雀草等。

【分类】菊科 万寿菊属。

【形态特征】茎直立，株高50—150厘米。奇数羽状复叶，长5—10厘米，宽4—8厘米，小叶披针形或长椭圆形，叶缘具细齿状缺刻。头状花序单生，径5—8厘米；舌状花黄色或暗橙色；长2.9厘米，舌片倒卵形，长1.4厘米，宽1.2厘米，皱褶，末端内凹；管状花花冠黄色，长约9毫米。瘦果线形，长8—11毫米，褐色或黑色。花期7—9月。

【辨识要点】奇数羽状复叶；头状花序，舌状花明显。

【分布范围】喜光，多生在路边、草丛。原产墨西哥。中国各地均有分布，武汉常用于花坛布景，也有家庭盆栽。

加拿大飞蓬

一年生草本植物。叶和嫩茎可作猪饲料；全草入药，有祛风湿、消炎止血的功效，可治疗胆囊炎、肝炎、血尿、水肿、小儿头疮等。新鲜的植株可用作止血药。

【别称】小蓬草、飞蓬、小飞蓬等。

【分类】菊科　白酒草属。

【形态特征】根纺锤状，具纤维状根。茎直立，高50—100厘米，或更高，多少具棱，上部多分枝。叶长椭圆形或倒披针形，长6—10厘米，宽1—1.5厘米，顶端渐尖，基部渐狭成柄，边缘具疏锯齿或全缘。头状花序，直径3—4毫米。瘦果细长，长1.2—1.5毫米。花期5—9月。

【辨识要点】叶长椭圆形或倒披针形，头状花序。

【分布范围】常生长于野外、荒地、田间路边，是一种常见杂草。原产北美洲，现在世界各地均有分布。中国各省区广泛分布，武汉多见于各种野地、荒郊，庭院杂生。

向日葵

一年生高大草本植物。种子含油量极高，可炒食，亦可榨油，为重要的油料作物。茎秆、果壳等可作工业原料。向日葵种子、花盘、茎髓、叶、根等均可入药。向日葵性淡味平，种子可滋阴、止痢，花盘养肝补肾、降压止痛，对治疗头痛、头晕等有效。茎髓清热利尿。叶清热解毒，还可作健胃剂。向日葵根用水煎服，可治疗尿频、尿急、尿痛等。

【别称】太阳花等。

【分类】菊科　向日葵属。

【形态特征】茎直立，高1—3米，粗壮，被白色粗硬毛，不分枝或有时上部分枝。叶互生，心状卵圆形或卵圆形，顶端急尖或渐尖，有三基出脉，边缘有粗锯齿，两面被短糙毛，有长柄。头状花序极大，直径10—30厘米，单生于茎端或枝端，常下倾；总苞片多层，叶质，覆瓦状排列，卵形至卵状披针形，顶端尾状渐尖，被长硬毛或纤毛；花托平或稍凸、有半膜质托片。舌状花多数，

黄色、舌片开展，长圆状卵形或长圆形，不结实；管状花极多数，棕色或紫色，有披针形裂片，结果实；瘦果倒卵形或卵状长圆形，稍扁压，长 10—15 毫米，常被白色短柔毛，上端有 2 个膜片状早落的冠毛。花期 7—9 月，果期 8—9 月。

【辨识要点】叶形心状卵圆形或卵圆形，大。头状花序，舌状花黄色。

【分布范围】原产于北美洲，世界各国均有栽培。武汉多见于农田栽种，也有逸为野生。

波斯菊

一年生或多年生草本植物。著名的观赏植物，花序、种子或全草具有清热解毒、明目化湿的功效。

【别称】大波斯菊、秋英等。

【分类】菊科 秋英属。

【形态特征】株高 1—2 米。根纺锤状，多须根，近茎基部有不定根。茎无毛或稍被柔毛。叶羽状深裂为线形或丝状线形。头状花序，直径 3—6 厘米，单生。花（舌状花）为紫红色、粉红色或白色，倒卵形

或椭圆状，长 2—3 厘米，宽 1.2—1.8 厘米，有钝齿；管状花黄色，管部短，长 6—8 毫米，有披针状裂片。瘦果黑紫色，无毛，上端具长喙，有 2—3 尖刺。花期 6—8 月，果期 9—10 月。

【辨识要点】花形美丽独特，叶羽状深裂为线形或丝状线形。

【分布范围】喜光，喜疏松肥沃和排水良好的壤土，忌炎热，不耐寒，忌积水，忌肥。原产墨西哥。中国广泛栽培，常自生路旁、田埂、溪岸，武汉常见于公园和人工观赏种植，也有逸为野生。

苍耳

一年生草本植物。全株都有毒，特别是种子毒性较大。茎皮制成的纤维可做麻袋、麻绳。苍耳子油是一种高级香料的原料，也是制作油漆、油墨及肥皂硬化油等的原料，还可代替桐油。苍耳子悬浮液可防治蚜虫，如加入樟脑，杀虫率更高。苍耳子可做猪的精饲料。苍耳根可用于治疗疔疮、痈、疽、缠喉风、丹毒、高血压、痢疾等。苍耳茎、叶可用于治疗头风、头晕、湿痹、拘挛、目赤、目翳、疔疮、毒肿、崩漏、麻风等。苍耳花可用于治疗白癫顽癣、白痢等。苍耳子可用于治疗风寒头痛、鼻塞流涕、齿痛、风寒湿痹、四肢挛痛、疥癣、瘙痒等。

【别称】菤、苓耳、胡菜、道人头、野茄子、猪耳、痴头婆等。

【分类】菊科 苍耳属。

【形态特征】株高可达 1 米。叶卵状三角形，长 4—9 厘米，宽 5—10 厘米，顶端尖，基部浅心形至阔楔形，边缘有不规则的锯齿或有 3—5 片不明显浅裂，两面有贴生糙伏毛。果实长椭圆形或卵形，连同喙部长 12—15 毫米，宽 4—7 毫米，表面有疏生的钩状刺，长 1—1.5 毫米。花期 7—8 月，果期 9—10 月。

【辨识要点】果实具钩刺和密生细毛，容易钩挂在人和动物身上。

【分布范围】野生于山坡、草地、路旁。原产美洲和东亚，广布欧洲大部和北美部分地区。中国各地广布，武汉常见于野外生长。

金鸡菊

　　一年生或多年生草本植物。可药用，有疏散风热之功效，多用于外感风热或温病初起。是较好的观赏植物。

　　【别称】小波斯菊、金钱菊、孔雀菊等。

　　【分类】菊科　金鸡菊属。

　　【形态特征】株高可达60厘米。多对生叶，稀互生，叶片羽状分裂，裂片长圆形或圆卵形。头状花序单生，或作疏松的伞状圆锥花序排列，总苞两层，外层总苞片与内层近等长，舌状花黄色、红色、棕色或粉色，管状花黄色至褐色。瘦果倒卵形。花期7—9月。

　　【辨识要点】花形美丽，头状花序的舌状花瓣末端有深波浪状裂片。

　　【分布范围】耐寒耐旱，对土壤要求不严，喜光，但耐半阴，适应性强，对二氧化硫有较强的抗性。原产美国南部。中国各地公园、庭院都有栽培，武汉常见于公园、庭院、小区等，或田间地头或荒僻处。

鬼针草

　　一年生草本植物。鬼针草的乙醇浸液在体外对革兰氏阳性菌有抑制作用，花、茎对金黄色葡萄球菌也有抑菌作用。鬼针草是我国民间常用草药，具有活血消肿、清热解毒的功效，可用于治疗咽喉肿痛、上呼吸道感染、黄疸、急性阑尾炎、胃肠炎、痢疾，以及蛇虫咬伤、疮疖、跌打肿痛等。

　　【别称】虾钳草、对叉草、蟹钳草、豆渣草等。

【分类】菊科 鬼针草属。

【形态特征】茎直立,高30—100厘米,钝四棱形。三出复叶,少见5或7小叶的羽状复叶,小叶椭圆形或卵状椭圆形,长2—4.5厘米,宽1.5—2.5厘米,边缘有锯齿。头状花序,直径8—9毫米,具花序梗。瘦果条形,长7—13毫米,宽约1毫米,黑色,略扁,具棱。花果期8—10月。

【辨识要点】头状花序,瘦果条形针状。

【分布范围】喜温暖、湿润气候。喜疏松肥沃、富含腐殖质的砂质壤土及黏壤土。广泛分布于亚洲和美洲的热带和亚热带地区。中国主要见于华东、华中、华南、西南各省区,生于村旁、路边及荒地中,武汉常见于路边野地、沟渠。

黄金菊

一年生或多年生草本植物。花色金黄,花期长,为优良观花植物,适用于花境、花坛绿化,也可用作地被植物,盆栽用于阳台、客厅等栽培观赏。

【别称】南非菊、翠菊木、银叶情人菊、银叶金木菊、疏黄菊、梳黄菊。

【分类】菊科 黄蓉菊属。

【形态特征】株高30—50厘米,具分枝。叶片长椭圆形,羽状分裂,裂片披针形,全缘,绿色。头状花序,舌状花及管状花均为黄色。瘦果。花期春季至夏季。

【辨识要点】叶羽状分裂,裂片披针形。头状花序黄色。

【分布范围】喜光照和温暖、湿润的环境,耐寒。中国各地均有栽培,武汉常见于园林栽培,也有逸为野生。

反枝苋

一年生草本植物。嫩茎叶为野菜,也可做家畜饲料。全草药用,可用于治疗腹泻、痢疾、痔疮肿痛出血等。

【别称】野苋菜、西风谷等。

【分类】苋科 苋属。

【形态特征】株长20—80厘米，有时可达1米多。茎直立，粗壮，可分枝，淡绿色，有时具带紫色条纹，稍具钝棱，密生短柔毛。叶片椭圆状卵形或菱状卵形，长5—12厘米，宽2—5厘米，顶端尖凹或锐尖，全缘或波状缘，两面及边缘有柔毛；叶柄长1.5—5.5厘米，淡绿色或淡紫色，有柔毛。圆锥花序顶生及腋生，顶生花穗较侧生者长；花被片矩圆状倒卵形或矩圆形，长2—2.5毫米；雄蕊比花被片稍长。胞果扁卵形，种子近球形，直径1毫米，黑色或棕色。花期7—8月，果期8—9月。

【辨识要点】叶形似苋菜，圆锥花序顶生或腋生，胞果扁卵形。

【分布范围】原产美洲热带，现已遍布世界各地。反枝苋适应性极强，但不耐阴，在密植田或高秆作物中生长发育不好。中国各地多有分布，多生于田间地头、草地，有时在屋瓦上也可见到，武汉常见于田间、荒地、草地野生。

鸡冠花

一年生草本植物。干燥花序为入药部位。有凉血、止血的功效。可用于治疗痔漏、吐血和妇女崩中、赤白带下等。对二氧化硫、氯化氢有良好的抗性，可净化空气和环境。

【别称】鸡冠头、大鸡公花、鸡公花、红鸡冠、芦花鸡冠、笔鸡冠、小头鸡冠、凤尾鸡冠、鸡髻花、鸡角根、老来红等。

【分类】苋科 青葙属。

【形态特征】株高30—80厘米，茎直立，分枝少，近上部扁平，有棱纹凸起。单叶互生，叶片卵形、卵状披针形或披针形，长5—13厘米，宽2—6厘米，先端渐尖或长尖，全缘。多扁平状穗状花序，肥厚，呈鸡冠状，上缘宽，具皱褶，下端渐窄。果实盖裂，种子肾形，扁圆，黑色，有光泽。花果期7—9月。

【辨识要点】花序多呈鸡冠状，也有圆锥状。

【分布范围】喜温暖、干燥气候，喜阳光，怕干旱，不耐涝，对土壤要求不严，一般土壤庭院都能种植。鸡冠花原产非洲等地，现世界各地广为栽培。中国大部分地均有栽培，武汉主要见于庭院栽种或盆栽作花摆。

牛筋草

一年生草本植物。全株可作饲料。是优良的保土植物。全草可药用，有清热解毒、祛风利湿、散瘀止血的功效，可用于防治流脑、乙脑、黄疸、风湿关节痛、小儿消化不良、外伤出血、跌打损伤等。

【别称】千千踏、忝仔草、野鸡爪等。

【分类】禾本科 穇属。

【形态特征】秆丛生，基部倾斜，高10—90厘米。叶片平展，线形，长10—15厘米，宽3—5毫米，多无毛。穗状花序2—7个顶生，长3—10厘米，宽3—5毫米。果实卵形，长约1.5毫米。花果期6—10月。

【辨识要点】穗状花序2—7个顶生，如天线状。

【分布范围】分布于全世界温带和热带地区。中国遍布于南北各省区，武汉多生于荒地及道路旁。

狗尾草

一年生草本植物，常见杂草。马、牛、羊、驴喜食，茎、叶可作饲料。提炼物可喷杀菜虫。有清热利湿、祛风明目、解毒、杀虫的功效，可用于治疗风热感冒、黄疸、小儿疳积、痢疾等。

【别称】狗尾巴草等。

【分类】禾本科 狗尾草属。

【形态特征】须状根，高大者具支持根。秆直立或基部膝曲，高10—100厘米。叶鞘松弛，无毛或疏具柔毛或疣毛，边缘具较长的密绵毛状纤毛；叶舌极短，叶片扁平，狭披针形或线状披针形。圆锥花序直立或稍弯垂，主轴被柔毛，花柱基分离。颖果灰白色。花期 5—10 月。

【辨识要点】花序顶生，柔软，比狼尾草要小；叶剑形。

【分布范围】旱地常见，生于海拔 4000 米以下的荒野、道旁。适生性强，耐旱、耐贫瘠，酸性或碱性土壤均可生长。原产欧亚大陆的温带和暖温带地区，现广布于全世界的温带和亚热带地区。中国各地均有分布，武汉常见于路边荒地、田间地头。

稗

一年生草本植物。形状似稻但叶片毛涩，颜色较浅。吸收稻田里养分，是稻田里的恶性杂草。稗是一种好的家畜饲养原料，茎叶纤维可作造纸原料。根及幼苗可药用，能止血，主治创伤出血。

【别称】稗子、扁扁草等。

【分类】禾本科 稗属。

【形态特征】外形和水稻极为相似。叶片的绿色比水稻深，较光滑，无毛，叶脉的颜色为白色；无叶舌叶耳，小穗密集于穗轴的一侧，具极短柄或近无柄。花果期 7—10 月。稗子在较干旱的土地上，茎亦可分散贴地生长。

【辨识要点】外形和水稻相似，但体型比水稻要小，叶片的绿色比水稻深。

【分布范围】广泛分布于亚洲地区。中国各地均可见，长在稻田、沼泽、沟渠、低洼荒地，武汉常见于路边。

曼陀罗

一年生草本植物或半灌木。曼陀罗花不仅可用于麻醉，还能止喘定痛、去风湿，可用于治疗寒哮和惊痫、寒湿脚气及诸风顽痹。曼陀罗花瓣具有很好的镇痛作用，可用于治疗神经痛等。

【别称】醉心花、狗核桃、枫茄花、洋金花等。

【分类】茄科 曼陀罗属。

【形态特征】直立茎木质，粗壮，高 0.5—1.5 米。叶近长椭圆形，长 8—17 厘米，宽 4—12 厘米；顶端渐尖，基部不对称楔形，边缘有不规则波状浅裂，裂片顶端急尖，有时亦有波状牙齿。花单生于叶腋或枝腋，直立，有短梗；花萼筒状，长 4—5 厘米，花冠漏斗状，下半部呈绿色，上半部白色或淡紫色、檐部 5 浅裂。蒴果卵状，长 3—4.5 厘米，直径 2—4 厘米，表面生有坚硬针刺或有时无刺而近平滑，成熟后为淡黄色，规则 4 瓣裂。种子卵圆形，稍扁，长约 4 毫米，黑色。花期 6—10 月，果期 7—11 月。

【辨识要点】花形大，喇叭状；蒴果卵状，表面生有坚硬针刺或有时无刺而近平滑，成熟后为淡黄色，规则 4 瓣裂。

【分布范围】曼陀罗原产于墨西哥，广泛分布于世界温带至热带地区。我国各地均有分布，武汉多见于田间地头及荒地野生，也有庭院栽种用于观赏。

烟草

一年生草本植物。烟草是制作香烟的原材料。全株可作农药杀虫剂，亦可药用，具有行气止痛、消肿、解毒杀虫等功效，可用于治疗食滞饱胀、气结疼痛、痈疽、疔癣、湿疹、毒蛇咬伤等。

【别称】烟叶等。

【分类】茄科 烟草属。

【形态特征】直立茎高 0.7—2 米，基部稍木质化。叶长椭圆形或披针形、卵形、矩圆形，长 10—30 厘米，宽 8—15 厘米。圆锥状花序顶生；花萼筒状或筒状钟形，花冠淡红色，漏斗状，长 3.5—5 厘米，裂片急尖。种子圆形或宽矩圆形，直径约 0.5 毫米，褐色。夏秋季开花结果。

【辨识要点】叶长椭圆形或披针形、卵形、

矩圆形；花冠淡红色，漏斗状。

【分布范围】原产南美洲。中国南北各省区广为栽培，武汉主要将其作为经济作物栽种，也有逸为野生。

野燕麦

一年生草本植物。常见的小麦田间杂草，是马、牛的青饲料，可作粮食的代用品，还可作为造纸的原料。

【别称】乌麦、南燕麦、燕麦草等。

【分类】禾本科 燕麦属。

【形态特征】秆直立，高60—120厘米，具2—4节。须根较坚韧。叶鞘松弛，光滑或基部被微毛；叶舌透明膜质，长1—5毫米；叶片扁平，长10—30厘米，宽4—12毫米，微粗糙，或上面和边缘疏生柔毛。圆锥花序开展，金字塔形，长10—25厘米，分枝具棱角，粗糙；小穗长18—25毫米，含2—3小花，其柄弯曲下垂，顶端膨胀；小穗轴密生淡棕色或白色硬毛，其节脆硬易断落，第一节间长约3毫米。颖果被淡棕色柔毛，腹面具纵沟，长6—8毫米。花果期4—9月。

【辨识要点】颖果具柄，长而下垂，果实有长芒2根。

【分布范围】分布于欧、亚、非三洲的温寒带地区。中国南北各省广布，武汉多见于草丛田野，为田间杂草。

马铃薯

一年生草本植物。块茎营养价值高，食用方式多样，可作主食。幼芽有轻微的毒性，如马铃薯发芽，最好弃之不食，也可将发芽部位去掉后，以清水加醋浸泡1小时，再高温加工，方可食用。可作为药材，有消肿解毒的功效，可治疗疮腮、胃痛、痈肿等。

【别称】土豆、洋芋、山药蛋、洋山芋、洋番芋、地蛋等。

【分类】茄科 茄属。

【形态特征】地上茎直立，地下茎为块茎，较不规则长扁圆形，直径3—10厘米，外皮淡黄色、淡红色或紫色。初生叶为单叶，随着植株的生长，逐渐形成奇数羽状复叶；小叶多为长椭圆形，长10—20厘米。伞房花序顶生和侧生，花白色或蓝紫色。萼钟形，直径约1厘米，花瓣5裂。种子黄色，肾形。花期夏季。

【辨识要点】羽状复叶，花形美丽，辨识度高。

【分布范围】原产热带美洲的山地，现已遍布世界各地。中国各地广泛栽种，主要产于西北、西南、东北和内蒙古地区，武汉主要为农田栽种，其块茎见于菜市场。

龙葵

一年生草本植物。叶子和浆果可食用，叶子含有大量生物碱，必须煮熟解毒后方可食用。全株入药，有清热解毒、活血消肿的功效。

【别称】野海椒、小苦菜、石海椒、野伞子、野海角、野茄秧、小果果、山辣椒、黑天天、野辣虎、地泡子、飞天龙、白花菜、天茄菜等。

【分类】茄科 茄属。

【形态特征】高0.3—1米；直立茎，多分枝。叶卵形或长椭圆形，互生，长2.5—10厘米，宽1.5—5.5厘米，全缘或每边具不规则的波状粗齿。蝎尾状花序腋外生，夏季开白色小花。浆果球形，成熟后为黑紫色。

【辨识要点】叶卵形或长椭圆形，互生，浆果球形，成熟后为黑紫色。

【分布范围】广泛分布于欧、亚、美洲的温带至热带地区。中国多见于云南、四川等地，武汉常见于道路田边、荒地及村庄附近。

油菜

一年生草本植物。重要的油料作物，其种子榨的油为常用食用油。有解毒消肿、降低血脂、美容保健等作用。

【别称】芸薹、寒菜、胡菜、苦菜、薹芥、瓢儿菜等。

【分类】十字花科 芸薹属。

【形态特征】茎直立，分枝较少，株高 30—90 厘米。叶互生，分基生叶和茎生叶两种。基生叶匍匐生长，椭圆形，长 10—20 厘米，顶生裂片卵形或近圆形，侧生琴状裂片有蜡粉。花序总状，花瓣倒卵形，黄色，四片，长 10—15 毫米，呈十字状排列。线形长角果，长 3—8 厘米。种子球形，直径约 1.5 毫米。花期 3—4 月，果期 4—5 月。

【辨识要点】果实为长角果。

【分布范围】原产中国，世界各地广泛分布。中国各地均有栽种，武汉主要见于农作物种植。

紫菜薹

一二年生草本植物，为十字花科芸薹属芸薹种白菜亚种的变种。武汉的名产蔬菜，叶和嫩茎可食，主要食用茎。富含胡萝卜素、抗坏血酸、钙、磷、铁等成分，多种维生素含量比小白菜、大白菜要高。

【别称】红菜薹、红菜、红油菜薹、紫菘等。

【分类】十字花科 芸薹属。

【形态特征】茎色紫红。叶椭圆形至卵形，自茎基部长出，绿色或紫绿色，叶缘波状，基部深裂或有少数裂片，叶脉较突，叶柄长，紫红色。花薹的叶片较细小，近披针形或倒卵形。主根不发达，须根多，根系较浅，再生力强。总状花序，完全花，花冠黄色。果实长角果。种子近圆形，紫褐至黑褐色。

【辨识要点】茎和叶柄呈紫红色。

【分布范围】原产中国，为特产蔬菜，主要分布在长江流域一带，以湖北武汉和四川成都栽培最为著名，江西、四川、湖南等地均有种植。武汉以洪山地区栽种的最为有名，俗称洪山菜薹。

青菜

一年生或二年生草本植物。茎叶可食，是常见蔬菜。

【别称】小白菜、油菜、小油菜等。

【分类】十字花科 芸薹属。

【形态特征】茎直立，高25—70厘米，有分枝。基生叶倒卵形，长8—30厘米，深绿色，有光泽，全缘，先端钝圆；茎生叶长卵圆形或宽披针形，全缘，微带粉霜。总状花序顶生，呈圆锥状；萼片4，花冠4，十字形，淡黄色，花瓣椭圆形或近圆形。线形长角果。种子球形，紫褐色或黄褐色。花期4—5月，果期5—6月。

【辨识要点】芸薹属蔬菜品类繁多，青菜基生叶倒卵形，茎生叶长卵圆形或宽披针形，全缘；十字形花冠，淡黄色。

【分布范围】中国各地均有栽培，尤其以湖南、湖北、安徽、江苏、浙江、江西等地栽种面积较大。青菜是武汉初冬至早春常见蔬菜。也有逸为野生。

荞麦

一年生草本植物。种子可食，作粗粮，常用来做饭和粥，还可酿酒。籽粒、皮壳、秸秆和青贮都可作饲料。

【别称】甜荞、乌麦、三角麦、花荞、荞子等。

【分类】蓼科 荞麦属。

【形态特征】茎直立，高30—90厘米，上部分枝，绿色或红色，具纵棱，无毛或于一侧沿纵棱具乳头状突起。叶三角形或卵状三角形，长2.5—7厘米，宽2—5厘米，顶端渐尖，基部心形，两面沿叶脉具乳头状突起；下部叶具长叶柄，上部较小近无梗；托叶鞘膜质，短筒状，长约5毫米，顶端偏斜，无缘毛，易破裂脱落。总状或伞房状花序，顶生或腋生，花序梗一侧具小突起；苞片卵形，长约2.5毫米，绿色，边缘膜质，每苞内具3—5花；花梗比苞片长，无关节，花被5深裂，白色或淡红色，花被片椭圆形，长3—4毫米。瘦果卵形，具3锐棱，顶端渐尖，长5—6毫米，暗褐色，无光泽，比宿存花被长。花期5—9月，果期6—10月。

【辨识要点】叶三角形或卵状三角形，叶片基部呈心形，叶片与叶柄相连处为红色。

【分布范围】中国主要产区是西北、东北、华北以及西南一带高寒山区。武汉常见于阴凉湿润地方野生，也有人工种植。

辣蓼

一年生草本植物。全草入药，有散瘀止血、解毒消肿、行滞化湿、祛风止痒的功效，可用于治疗痢疾、胃肠炎、腹泻、风湿关节痛、跌打肿痛、血滞经闭、痛经；外用可治疗毒蛇咬伤，皮肤湿疹等。

【别称】水蓼、蓼子草、辣子草、辣蓼草等。

【分类】蓼科 蓼属。

【形态特征】株高达70厘米。茎直立，多分枝，无毛，节部膨大。叶披针形或椭圆状披针形，长4—8厘米，宽0.5—2.5厘米，叶片全缘，两面无毛，有褐色小点，具辛辣味。穗状总状花序，顶生或腋生，长3—8厘米，通常下垂；苞片漏斗状，每苞内具3—5花；花白色或淡红色，花被片椭圆形，长3—3.5毫米。瘦果卵形，扁平，黑色无光。花期5—9月，果期6—10月。

【辨识要点】 叶披针形或椭圆状披针形，穗状总状花序，顶生或腋生，花白色或淡红色。

【分布范围】 分布于中国南北各省区，生河滩、水沟边、山谷湿地，武汉常见于路边沟渠及杂草丛生处。

酸模叶蓼

　　一年生草本植物。酸模叶蓼是常见杂草，主要对棉花、豆类、薯类、水稻、油菜等农作物有危害。酸模叶蓼有清热解毒、利湿止痒的作用，可用于治疗肠炎痢疾。

【别称】 大马蓼、旱苗蓼、斑蓼、柳叶蓼等。

【分类】 蓼科 蓼属。

【形态特征】 株高可达 90 厘米。茎直立，上部分枝，粉红色，节部膨大。叶片针形或宽披针形，先端渐尖或急尖，表面常有黑褐色新月形斑点，两面沿主脉及叶缘有伏生的粗硬毛。花序为数个花穗构成的圆锥花序；花被淡红色或白色，4 深裂。瘦果卵形，扁平，黑褐色，光亮。花期 6—8 月，果期 7—9 月。

【辨识要点】 叶片表面常有黑褐色新月形斑点。

【分布范围】 多生于低湿地或水边。中国各地均有分布，北方尤其普遍。武汉常见于田间地头及潮湿低洼处。

地肤

　　一年生草本植物。嫩茎叶可以吃，老株可用来做扫帚。果实扁球形，称为地肤子，可入药，具有利小便、清湿热的功效，可用于治疗小便不利、淋病、带下、疝气、风疹、疮毒、疥癣、阴部湿痒等。

【别称】 地麦、落帚、扫帚苗、扫帚菜、孔雀松、绿帚、观音菜等。

【分类】 苋科 沙冰藜属。

【形态特征】 株高 50—100 厘米。根略呈纺锤形。茎直立，圆柱状，淡绿色或带紫红色，有多数条棱，稍有短柔毛或下部几无毛；叶披针形或线状披针形，长 2—5 厘米，宽 3—7 毫米，无毛或稍有毛，先端短渐尖，基部渐窄成短柄，通常有 3 条明显的主脉，边缘有疏生的锈色绢状缘毛。花两性或雌性，疏穗状圆锥状花序；花被近球形，淡绿色，花被裂片近三角形，无毛或先端稍有毛；翅端附属物三角形或倒卵形；花丝丝状，花药淡黄色；花柱极短。胞果扁球形，果皮膜质，与种子离生。种子卵形，黑褐色，直径1.5—2毫米，稍有光泽。花期6—9月，果期7—10月。

【辨识要点】叶披针形或线状披针形，植株整体轮廓呈球状。

【分布范围】地肤适应性较强，喜温、喜光，耐干旱，不耐寒，对土壤要求不严格，较耐碱性土壤。肥沃、疏松、含腐殖质多的土壤利于地肤生长。地肤原产欧洲及亚洲中部和南部地区，分布在亚洲、欧洲以及中国大陆的大部分地区，武汉常见于园林绿化或花坛大面积摆放。

市藜

一年生草本植物。全草入药，有清热、利湿、杀虫的功效。

【分类】苋科 红叶藜属。

【形态特征】高20—100厘米，直立茎较粗壮，分枝或不分枝。叶片三角形，长3—8厘米，叶缘具不整齐锯齿。直立穗状圆锥花序，以腋生为主；花被5裂片。果实双凸镜形，果皮黑褐色。花期8—9月，果期10月。

【辨识要点】叶片整体轮廓为长三角形，与灰菜区别明显。

【分布范围】欧洲、亚洲均有分布，多生于戈壁、田边等处。武汉常见于路边田野或生于荒坡。

藜

一年生草本植物。幼苗可作蔬菜食用，茎叶可作家畜饲料。有预防贫血的功用，能促进儿童生长发育，对中老年缺钙者也有一定保健功能。全草含挥发油、藜碱等物质，能预防消化道寄生虫、消除口臭。全草可入药，可用于治疗痢疾、腹泻；配合野菊花煎汤外洗，治疗皮肤湿毒及周身发痒。

【别称】灰灰菜、灰条菜、灰藋、粉仔菜、白藜等。

【分类】苋科 藜属。

【形态特征】株高30—150厘米。茎直立，多分枝，具条棱。叶片宽披针形或菱状卵形，长3—6厘米，宽2.5—5厘米，先端急尖或微钝，基部楔形至宽楔形，边缘具不整齐锯齿；叶柄与叶片近等长。花两性，花被裂片5，宽卵形或椭圆形，花簇生于枝上部，穗状圆锥状或圆锥状花序。种子直径1.2—1.5毫米，边缘钝，黑色，有光泽，表面具浅沟纹。花果期5—10月。

【辨识要点】叶片轮廓为宽披针形或菱状卵形，花序穗状圆锥状或圆锥状。

【分布范围】中国各地普遍生长。生长于田间地头、沟坡沿岸，以及城市中的荒僻处。武汉常见于田野、荒地、草原、路边及住宅附近。

蚕豆

一年生草本植物。种子可食，为常见粮食作物。

【别称】南豆、胡豆、竖豆、佛豆等。

【分类】豆科 野豌豆属。

【形态特征】株高可达 1 米左右，茎粗壮，中空，直立。偶数羽状复叶，小叶通常 1—3 对，互生。总状花序腋生，花梗近无，花冠白色，具紫色脉纹及黑色斑晕，花柱密被白柔毛，顶端远轴面有一束髯毛。荚果肥厚，长 5—10 厘米，宽 2—3 厘米；表皮绿色被绒毛。种子长方圆形或肾形，

中间内凹，种皮革质，青绿色，灰绿色至棕褐色，稀紫色或黑色；种脐线形，黑色，位于种子一端。花期 4—5 月，果期 5—6 月。

【辨识要点】羽状复叶，蝶形花冠，荚果。

【分布范围】原产欧洲地中海沿岸，亚洲西南部至北非，相传西汉张骞自西域引入中原。中国除山东、海南和东北三省极少种植蚕豆外，其余各省（自治区、直辖市）均有栽种。武汉以农田种植为主，也有逸为野生。

豌豆

一年生攀缘草本植物。常见蔬菜，嫩苗、嫩荚和种子均可食用。可入药，有利尿、消痈肿、益中气、止泻痢的功效，对痈肿、脚气、脾胃不适、呃逆呕吐、乳汁不通、口渴、泄利腹胀等有一定的食疗作用。茎叶有清凉解暑的功效，还可用作绿肥、饲料或燃料。

【别称】麦豆、青豆、荷兰豆、雪豆、寒豆、回鹘豆、耳朵豆等。

【分类】豆科　豌豆属。

【形态特征】株高 0.5—2 米，茎具卷须，攀缘。羽状复叶，小叶 4—6 片，卵圆形或近长椭圆形；托叶心形，下缘具细齿状缺刻，比小叶大。总状花序，花于叶腋处单生或数朵排列；蝶形花冠，多为紫色和白色。荚果长椭圆形，饱满。种子圆形。花期 6—7 月，果期 7—9 月。

【辨识要点】茎具卷须；托叶心形；蝶形花冠；荚果。

【分布范围】喜温暖、湿润环境，半耐寒性，不耐酷热。原产中亚和地中海地区，亚洲和欧洲均有分布。中国主要分布在东北和华中、西南等地区，武汉主要为农田种植，也有逸为野生。

凤仙花

一年生草本植物。凤仙花可供药用，有祛风除湿、活血止痛、解毒杀虫等功效。民间常用其花及叶染指甲。花入药，可活血消胀，治疗跌打损伤；花外搽可治疗鹅掌风、除狐臭。种子煎膏外搽，可治麻木酸痛。

【别称】指甲花、金凤花、急性子等。

【分类】凤仙花科　凤仙花属。

【形态特征】株高 60—100 厘米。茎肉质，粗壮，直立，有分枝。叶多为互生，最下部叶有时对生；叶片狭椭圆形、披针形或倒披针形，长 4—12 厘米、宽 1.5—3 厘米，边缘有锐锯齿。花单生或 2—3 朵簇生于叶腋，有粉红色、大红色、紫色、粉紫色等多种颜色，有的品种同一株上能开数种颜色的花瓣。蒴果宽纺锤形，长 10—20 毫米；两端尖，密被柔毛。种子多为圆球形，直径 1.5—3 毫米，黑褐色。花期 7—10 月。

【辨识要点】叶片狭椭圆形、披针形或倒披针形，花形美丽，果实宽纺锤形，成熟后沿裂缝缩弹，弹出种子。用手一捏，可明显看到果皮缩弹，喷出种子。

【分布范围】性喜阳光，耐热不耐寒，怕湿，在较贫瘠的土壤中也可生长。中国各地庭园广泛栽培，为常见的观赏花卉，武汉多见于公园和家庭盆栽，也有逸为野生。

刺果毛茛

一年生草本植物。常见杂草，有毒性。有一定的护肝养肝作用，可用于治疗肝脏疾病。

【分类】毛茛科 毛茛属。

【形态特征】茎直立，株高 10—30 厘米。叶近圆形或心形，长宽均为 2—5 厘米，基部心形或截形，3 中裂至 3 深裂，叶缘有深齿状缺刻；叶柄长 2—6 厘米。花直径 1—2 厘米；花瓣 5，黄色，狭倒卵形，长 0.5—1 厘米，顶端圆钝。聚合果球形，直径 1.5 厘米；瘦果椭圆形，扁平，长约 0.5 厘米、宽约 0.3 厘米。花果期 4—6 月。

【辨识要点】叶形似芹菜，花瓣 5，黄色；聚合果的形状十分典型。

【分布范围】刺果毛茛喜温暖潮湿，多生于道旁、田野、杂草丛中。亚洲、欧洲、大洋洲及北美洲有分布，中国主要分布于浙江、江苏和广西。武汉常见于田边、湿地、草丛、空地。

大花马齿苋

一年生草本植物。花形艳丽，是花坛边缘、草地、坡地和路边的优良装饰配花；多盆栽摆放于阳台、走廊、窗台、庭院等多种场所。全草入药，有散瘀止痛、清热解毒等功效，可用于治疗烫伤、跌打损伤、咽喉肿痛、疮疖肿毒等。

【别称】太阳花、洋马齿苋、半支莲、松叶牡丹、龙须牡丹、金丝杜鹃等。

【分类】马齿苋科 马齿苋属。

【形态特征】茎多平卧或斜升，高10—30厘米，多分枝，紫红色。叶不规则互生，密集于枝端，下部分开；叶片细圆柱形或披针状线形，长1—2.5厘米，直径2—3毫米；叶柄极短或近无柄。花单生或数朵簇生枝端，直径2.5—4厘米，日开夜闭；花瓣5或重瓣，倒卵形，顶端微凹，长1.2—3厘米，红色、黄白色或紫色。蒴果近椭圆形。种子细小，直径不及1毫米。花期6—9月，果期8—11月。

【辨识要点】叶片细圆柱形或披针状线形，肉质；花形美丽。

【分布范围】喜温暖、阳光充足的环境，忌阴暗潮湿。原产南美、巴西、阿根廷、乌拉圭等地。中国各地均有栽种，武汉常见于公园、花坛、田边沟渠旁或家庭种植，也有逸为野生。

环翅马齿苋

一年至多年生草本植物。本种为马齿苋的变种，由马齿苋和松叶牡丹（大花马齿苋）人工杂交而得。

【别称】 阔叶半枝莲、阔叶马齿苋、马齿牡丹等。

【分类】 马齿苋科 马齿苋属。

【形态特征】 植株低矮，匍匐生长。茎细弱，平卧向上生长；茎叶肉质。叶片长椭圆形至倒卵形，叶缘可泛红褐色。花单生于枝顶，花瓣5，有红色、桃红色、粉红色、橘黄色、白色、黄色等，花型有单瓣、半重瓣、重瓣。果实基部有环翅。花期夏秋季。

【辨识要点】茎叶肉质。叶片长椭圆形至倒卵形。花单生于枝顶，有红色、桃红色、粉红色、橘黄色、白色、黄色等颜色。果实基部有环翅。

【分布范围】 适生性较强，武汉多为园林栽种，路边田野多见。

宝盖草

一年生或二年生草本植物。可用于黄疸型肝炎、淋巴结结核、高血压、面神经麻痹、半身不遂的治疗；外用治疗跌打伤痛、骨折、黄水疮。

【别称】珍珠莲、接骨草、莲台夏枯草等。

【分类】唇形科 野芝麻属。

【形态特征】茎高 10—30 厘米，基部多分枝，上升，四棱形，具浅槽，常为深蓝色，几无毛，中空。茎下部叶具长柄，柄与叶片等长或超过之，上部叶无柄，叶片均圆形或肾形，长 1—2 厘米，宽 0.7—1.5 厘米，先端圆，基部截形或截状阔楔形，半抱茎，边缘具极深的圆齿，顶部的齿通常较其余的为大，上面暗橄榄绿色，下面稍淡，两面均疏生小糙伏毛。轮伞花序 6—10 花，其中常有闭花授精的花；苞片披针状钻形，长约 4 毫米，宽约 0.3 毫米，具缘毛。花萼管状钟形，长 4—5 毫米，宽 1.7—2 毫米，外面密被白色直伸的长柔毛，内面除萼上被白色直伸长柔毛外，余部无毛，萼齿 5，披针状锥形，长 1.5—2 毫米，边缘具缘毛。花冠紫红色或粉红色，长 1.7 厘米，外面除上唇被有较密带紫红色的短柔毛外，余部均被微柔毛，内面无毛环，冠筒细长，长约 1.3 厘米，直径约 1 毫米，筒口宽约 3 毫米，冠檐二唇形，

上唇直伸，长圆形，长约 4 毫米，先端微弯，下唇稍长，3 裂，中裂片倒心形，先端深凹，基部收缩，侧裂片浅圆裂片状。雄蕊花丝无毛，花药被长硬毛。花柱丝状，先端不相等 2 浅裂。花盘杯状，具圆齿。子房无毛。小坚果倒卵圆形，具三棱，先端近截状，基部收缩，长约 2 毫米，宽约 1 毫米，淡灰黄色，表面有白色大疣状突起。花期 3—5 月，果期 7—8 月。

【辨识要点】茎四棱，叶片圆形或肾形，花顶生或叶腋聚合轮生，唇形花冠。

【分布范围】欧洲、亚洲均有广泛的分布。中国主要分布于江苏、安徽、浙江、福建、湖南、湖北、河南、陕西、甘肃、青海、新疆、四川、贵州、云南及西藏等地，武汉常见生于路旁、林缘、沼泽草地及宅旁，或为田间杂草。

泽漆

一年生草本植物。常见野草，有毒性。有化痰止咳、利水消肿、解毒杀虫的功效。可用于治疗肺结核、

结核性瘘管、痰饮喘咳、腹水、水肿、瘰疬等。

【别称】五朵云、猫儿眼草、五凤草、奶浆草等。

【分类】大戟科 大戟属。

【形态特征】全株含乳汁。茎直立，高 10—30 厘米。叶互生；叶片倒卵形或匙形，长 1—3 厘米，宽 0.7—1 厘米，先端微凹，边缘中部以上有细锯齿，无柄。聚伞花序顶生，伞梗 5，每伞梗再分生 2—3 小梗，每小伞梗又第三回分裂为 2 叉，伞梗基部

具 5 片轮生叶状苞片，与下部叶同形而较大。蒴果无毛。种子卵形，表面有凸起网纹。花期 4—5 月，果期 6—7 月。

【辨识要点】聚伞花序顶生，伞梗基部具 5 片轮生叶状苞片。

【分布范围】喜生于沟边、路旁、田野。中国分布于除黑龙江、吉林、内蒙古、广东、海南、台湾、新疆、西藏以外的全国各省区。武汉常见于墙角沟边，田野分布较多。

紫茉莉

一年生草本植物。根、叶可供药用，有清热解毒、活血调经和滋补的功效。种子白粉可去面部粉刺。

【别称】胭脂花、粉豆、夜饭花、状元花、丁香叶、苦丁香、野丁香等。

【分类】紫茉莉科 紫茉莉属。

【形态特征】根肥粗，倒圆锥形，黑色或黑褐色。茎直立，圆柱形，高可达 1 米，多分枝，无毛或疏生细柔毛，节稍膨大。叶片卵形或卵状三角形，长 3—15 厘米，宽 2—9 厘米，顶端渐尖，基部截形或心形，全缘，两面均无毛，脉隆起；叶柄长 1—4 厘米，上部叶几无柄。花常数朵簇生枝端；花梗长 1—2 毫米；总苞钟形，长约 1 厘米，5 裂，裂片三角状卵形，顶端渐尖，无毛，具脉纹，果时宿存；花被

紫红色、黄色、白色或杂色,高脚碟状,筒部长 2—6 厘米,檐部直径 2.5—3 厘米,5 浅裂;花午后开放,有香气,次日午前凋萎;雄蕊 5,花丝细长,常伸出花外,花药球形;花柱单生,线形,伸出花外,柱头头状。瘦果球形,直径 5—8 毫米,革质,黑色,表面具皱纹;种子胚乳白粉质。花期 6—10 月,果期 8—11 月。

【辨识要点】 花为高脚碟状,白色、黄色、紫红色等,午后至傍晚开放,香气馥郁,次日午前凋萎。

【分布范围】 原产热带美洲。中国南北各地常栽培,为观赏花卉,有时逸为野生,武汉多见于庭院、小区、家庭栽种。

繁缕

一年生或二年生草本植物。常见田间杂草。茎、叶及种子可供药用,嫩苗可食,食用部分为嫩梢,但有记载家畜食用会引起中毒及死亡。

【别称】 鹅肠菜、鹅耳伸筋、鸡儿肠等。

【分类】 石竹科 繁缕属。

【形态特征】 茎匍匐或直立,基部有分枝。叶片卵形或宽卵形,顶端渐尖或急尖,基部渐狭或近心形,全缘;基生叶具长柄,上部叶常无柄或具短柄。疏聚伞花序顶生;花瓣白色,长椭圆形,比萼片短。蒴果卵形,稍长于宿存萼,具多数种子;种子卵圆形至近圆形,稍扁,红褐色,直径 1—1.2 毫米,表面具半球形瘤状凸起,脊较显著。花期 6—7 月,果期 7—8 月。

【辨识要点】 茎分枝为二歧状,花蕾呈细长的水滴状。

【分布范围】 喜温暖、湿润的环境,适宜的生长温度为 13—23℃,能适应较轻的霜冻。

在中国广泛分布,亦为世界广布种。武汉常见于田间野外或其他潮湿环境中。

通泉草

一年生草本植物。可供药用,有凉血散瘀、清热解毒的功效,可用于治疗疮疖肿毒、便秘下血、跌打损伤、毒蛇咬伤等。

【别称】 汤湿草、猪胡椒、野田菜、鹅肠草、绿蓝花、五瓣梅、猫脚迹、尖板猫儿草、黄瓜香等。

【分类】 通泉草科 通泉草属。

【形态特征】株高 3—30 厘米，无毛或疏生短柔毛。茎 1—5 支或有时更多，直立，上升或倾卧状上升。着地部分节上常能长出不定根，分枝多而披散，少不分枝。基生叶少到多数，有时成莲座状或早落，倒卵状匙形至卵状倒披针形，膜质至薄纸质，长 2—6 厘米，顶端全缘或有不明显的疏齿，基部楔形，下延为带翅的叶柄，边缘具不规则的粗齿或基部有 1—2 片浅羽裂；茎生叶对生或互生，少数，与基生叶相似或几乎等大。总状花序生于茎、枝顶端，常在近基部即生花，伸长或上部为束状，通常 3—20 朵，花疏稀；花梗在果期长达 10 毫米，上部的较短；花萼钟状，萼片与萼筒近等长，卵形；花冠白色、紫色或蓝色，长约 10 毫米，上唇裂片卵状三角形，下唇中裂片较小，稍突出，倒卵圆形。蒴果球形；种子小而多数，黄色，种皮上有不规则的网纹。花果期 4—10 月。

【辨识要点】唇形花冠，白色、紫色或蓝色，上唇裂片卵状三角形，下唇中裂片较小，稍突出，倒卵圆形。

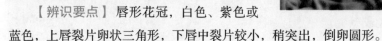

【分布范围】生于潮湿的山坡、田野、路旁、草地及林缘。中国分布于东北、华北、华东、华中、西南等地，武汉常见于空地杂生。

苘麻

一年生亚灌木草本植物。茎皮的纤维可用作纺织材料。种子可作为油漆、制皂和工业润滑油的原材料。种子入药，称苘麻子，有清热利湿、解毒、退翳明目的功效，常用于治疗赤白痢疾、淋病、目翳涩痛、痈肿等。

【别称】磨盘草、椿麻、塘麻、青麻、白麻、耳响草等。

【分类】锦葵科 苘麻属。

【形态特征】茎直立，高达 1—2 米，被柔毛。叶互生，阔卵状心形或圆心形，长 5—10 厘米，先端长渐尖，基部心形，边缘具细圆齿状缺刻，两面均密被星状柔毛。花单生于叶腋；花黄色，花瓣倒卵形，长约 1 厘米，末端弧状平截，有波

状缺刻。蒴果半球形，直径约 2 厘米，长约 1.2 厘米，分果瓣长肾形，辐射状排列，被粗毛，顶端具 2 长芒；种子褐色，三角状扁肾形，被星状柔毛。花期 7—8 月，果期 10—11 月。

【辨识要点】果实形状如磨盘。

【分布范围】越南、印度、日本以及欧洲、北美洲等地均有分布。中国除青藏高原外，均可见分布，武汉常见于路边田野荒地。

鸭跖草

一年生草本植物。可供药用，有清热、解毒、利尿的功效，对扁桃腺炎、咽炎、麦粒肿、宫颈糜烂、腹蛇咬伤有良好疗效。

【别称】碧竹子、翠蝴蝶、淡竹叶等。

【分类】鸭跖草科 鸭跖草属。

【形态特征】匍匐茎，多分枝，长可达 1 米。互生叶序，叶卵状披针形或披针形，长 3—9 厘米，宽 1.5—2 厘米。聚伞花序，顶生或腋生，总苞片呈佛焰苞状，绿色；花瓣上面两瓣为蓝色，下面一瓣为白色。蒴果椭圆形，长 5—7 毫米。种子 4 颗，棕黄色，一端平截、腹面平，有不规则窝孔。

【辨识要点】总苞片呈佛焰状，绿色；花瓣上面两瓣为蓝色，下面一瓣为白色。

【分布范围】适应性强，常生于湿地。越南、朝鲜、日本、俄罗斯远东地区以及北美有分布，主要分布于热带地区，少数种产于亚热带和温带地区。中国多分布于长江以南各省，尤以西南地区为盛，武汉常见于路边田野杂生。

拉拉藤

一年生草本。恶性杂草，其嫩苗可食用，但据说猪食之则得病，故得此名。全草药用，具有降压、清热解毒、利尿、消肿止痛、散瘀等功效，可治疗尿血、淋浊、跌打损伤、疖肿、肠痈、中耳炎等。

【别称】爬拉殃、八仙草、锯锯草、锯耳草、锯子草、活血草、细叶茜草、小禾镰草等。

【分类】茜草科 拉拉藤属。

【形态特征】株高 30—90 厘米，茎具 4 棱，多枝、蔓生或攀缘状。叶 6—8 片轮生，稀为 4—5 片，叶片纸质或近膜质，倒披针形或长圆状倒披针形，长 1—5.5 厘米，宽 1—7 毫米，顶端有尖凸，基部近无柄。聚伞花序腋生或顶生，花小，花冠白色或黄绿色。果干燥，圆形，坚硬，两个联生在一起。花期 3—7 月，果期 4—11 月。

【辨识要点】茎具 4 棱，多枝、蔓生或攀缘状；叶 6—8 片轮生，稀为 4—5 片。

【分布范围】多生于山坡、旷野、沟边、河滩、田中、林缘、草地。俄罗斯、日本、朝鲜、印度、尼泊尔、巴基斯坦及非洲、欧洲、美洲北部等地均有分布。中国除海南及南海诸岛外，全国均有分布，武汉多见于荒地、庭院等杂草丛生处。

细穗藜

一年生草本植物，常见杂草。

【分类】苋科 麻叶藜属。

【形态特征】茎直立，株高 40—70 厘米。叶片菱状卵形至卵形，长 3—5 厘米，宽 2—4 厘米。圆锥状穗状花序；花两性；花被 5 深裂，裂片条形或狭倒卵形，基部合生。囊果，果皮与种子贴生。种子与囊果同形，直径 1.1—1.5 毫米，黑色。花期 7 月，果期 8 月。

【辨识要点】叶片菱状卵形至卵形。圆锥状穗状花序，穗状花序排列紧密短小，圆锥状排列疏松。

【分布范围】多生长于山坡、林缘、草地等处。中国主要分布于华东、华中、西北、西南等地，武汉常见于空地野生。

一年蓬

一年生或二年生草本植物。全草可入药，有抑菌消炎、消食止泻、清热解毒的功效。可用于治疗胃肠炎、消化不良、疟疾、毒蛇咬伤、急性传染性肝炎、急性细菌性痢疾、感冒发热和咳嗽等。

【别称】野蒿、牙肿消、牙根消、地白菜、油麻草、女菀、千张草、墙头草、长毛草、白马兰、千层塔、治疟草、瞌睡草、白旋覆花等。

【分类】菊科 飞蓬属。

【形态特征】茎直立，高30—100厘米，上部有分枝。基生叶多为宽卵形或长圆形，长4—17厘米，宽1.5—4厘米，边缘具粗齿；下部叶披针形或长圆状披针形，长1—9厘米，宽0.5—2厘米，边缘有不规则齿或近全缘；最上部叶线形。头状花序，数个或多数，可排列成疏圆锥花序，舌状花冠白色或淡天蓝色，长椭圆形或线形，宽0.6毫米，顶端具内凹；管状花冠黄色。瘦果披针形，长约1.2毫米。花期6—8月，果期8—10月。

【辨识要点】与小飞蓬相比一年蓬植株偏矮，个头小，为一年生或二年生植物；小飞蓬植株较高，多为一年生。一年蓬花朵颜色为白色或偏淡天蓝色；小飞蓬颜色近乎白色或者偏淡紫色。一年蓬叶片形状为长圆状披针形；小飞蓬叶片形状为条形或矩圆形。

【分布范围】原产北美洲。中国除新疆、内蒙古、宁夏、海南外，均可见分布。武汉常见于野外、杂草丛、荒地等。

苦苣菜

一年生或二年生草本植物，为常见野草。苦苣菜有散瘀止血、清热解毒的功效，可用于治疗咽喉肿痛、痈疮肿毒、痢疾、黄疸、乳腺炎、痔瘘和各类出血等。

【别称】苦菜、苦荬菜、拒马菜、苦苦菜、滇苦菜、野芥子、小鹅菜等。

【分类】菊科 苦苣菜属。

【形态特征】茎直立，单生，高40—150厘米。基生叶裂或不裂，全形长椭圆形、倒披针形、三角形、近圆形等，如裂，则为羽状深裂；中下部茎生叶全形长椭圆形或倒披针形，羽状深裂，长3—12厘米，宽2—7厘米，叶缘具浅锯齿状缺刻。头状花序单生或在枝顶端排成伞房花序或总状花序；舌状

花冠多数常见，呈黄色。果序外观呈球状；瘦果褐色，长椭圆状倒披针形或长椭圆形，长 3 毫米，宽不足 1 毫米，具 7 毫米白色冠毛。花果期 5—12 月。

【辨识要点】基生叶羽状深裂，叶形轮廓倒披针形或长椭圆形。头状花序，舌状小花多数，黄色。

【分布范围】生于山坡或山谷、林下或平原田间、空旷处。全球几乎都有分布。武汉常见于空地杂草丛中。

莴苣

一年生或二年生草本植物。茎和叶可食，是常见蔬菜。

【别称】莴笋、青笋、千金菜、石苣、笋菜等。

【分类】菊科 莴苣属。

【形态特征】茎直立，高 25—100 厘米，基部肥厚，向上渐细，呈长圆锥状。叶倒披针形、椭圆形或椭圆状倒披针形，长 6—15 厘米，宽 1.5—6.5 厘米，边缘有细锯齿或波状缺刻。头状花序，在茎枝顶

端排成圆锥花序。瘦果倒披针形，长约 4 毫米，宽 1—3 毫米呈浅褐色。花果期 2—9 月。

【辨识要点】茎基部肥厚，向上渐细，呈长圆锥状。叶倒披针形、椭圆形或椭圆状倒披针形。

【分布范围】原产于地中海沿岸。中国各地有栽培，亦有野生。武汉主要为菜农种植。

蒿草

一、二年生或多年生草本植物，少数为半灌木或小灌木。蒿草是部分蒿属植物的统称，少数种类可食用，常用于配料。多数种类含挥发油、脂肪、有机酸及生物碱，常有浓烈的挥发性香气。许多种类入药，有止血、消炎、解表、温经、抗疟及利胆的功效，有些可用于艾灸，还有一些种类可作为牲畜饲料。

【别称】斑茅胆草、艾蒿、十二妹等。

【分类】菊科 蒿属。

【形态特征】茎直立，多单生，少数丛生，具分枝。叶互生，近披针形，羽状分裂一至三回，稀四回，或不分裂，稀近掌状分裂，叶缘或裂片边缘有裂齿或锯齿，稀全缘。茎、枝、叶及头状花序的总苞片常被蛛丝状的绵毛，或为柔毛，稀无毛或部分无毛。头状花序小，多为球形、半球形、椭圆形。瘦果小，卵形或倒卵形。种子1枚。

【辨识要点】叶互生，近披针形，羽状分裂一至三回，或不分裂。头状花序。

【分布范围】主要分布于亚洲、欧洲及北美洲的温带、寒温带及亚热带地区。中国西北、华北、东北及西南省区较多，武汉主要见于路边、田野、荒地杂生。

荠菜

一年生或二年生草本植物。茎叶可作蔬菜食用。有止血、利尿、清热、明目、消积的功效；种子含油可制油漆及肥皂。

【别称】荠荠菜、地米菜、地菜、地丁菜、菱角菜、干油菜、白花菜、黑心菜、扁锅铲菜、花花菜、禾杆菜等。

【分类】十字花科 荠属。

【形态特征】茎直立，高10—50厘米，下部有分枝。茎直立，单一或基部分枝。基生叶丛生，羽状分裂，稀全缘；茎生叶披针形或狭披针形，边缘有缺刻或锯齿，或近于全缘。总状花序顶生或腋生；花小，白色，十字花冠，花瓣倒卵形。短角果倒三角形，长5—8毫米，宽4—7毫米。种子长椭圆形，长约1毫米。花果期4—6月。

【辨识要点】基生叶丛生，羽状分裂；茎生叶披针形或狭披针形，边缘有缺刻或锯齿。短角果倒三角形。

【分布范围】野生，性喜温暖但耐寒力强。分布在全世界的温带地区。中国各地几乎都有分布，武汉多见于田边空地野生。

诸葛菜

一年生或二年生草本植物。花形美观，观赏性强。嫩茎叶经处理后可食，种子可榨油。

【别称】二月兰等。

【分类】十字花科 诸葛菜属。

【形态特征】茎直立，高10—50厘米，稍有分枝。基生叶及下部茎生叶羽状全裂，顶裂片近圆形或短卵形，长3—7厘米，宽2—3.5厘米；上部叶长椭圆形或窄卵形，长4—9厘米，边缘有不整齐缺刻。总状花序，紫色或浅红色，也可见白色，直径2—4厘米，花瓣宽倒卵形，长1—1.5厘米，近十字状排列。长角果线形，长7—10厘米。种子长圆形或卵形，长约2毫米，棕黑色。花期4—5月，果期5—6月。

【辨识要点】总状花序，紫色或浅红色，也可见白色，花瓣宽倒卵形，近十字状排列。长角果线形。

【分布范围】多生于平原、山地、路旁或地边。中国东北、华中、华南、西北、西南等地均有分布。武汉多见于花圃栽种，也有野生。

婆婆纳

一年生或二年生草本植物。常见野草，全草可入药，有补肾强腰、解毒消肿的功效，可用于治疗疝气、肾虚腰痛、睾丸炎、痈肿等。

【别称】豆豆蔓、老蔓盘子、老鸦枕头等。

【分类】车前科　婆婆纳属。

【形态特征】茎多分枝，常匍匐。叶片卵形或心形，叶缘有2—4个深刻钝齿。总状花序；花萼裂片卵形；花冠呈蓝色、淡紫色、白色或粉色，裂片圆形或卵形。种子背面具横纹。早春开花，花期3—10月。

【辨识要点】叶片卵形或心形，叶缘有2—4个深刻钝齿。花冠呈蓝色、淡紫色、白色或粉色，裂片圆形或卵形。

【分布范围】 生荒地。原产西亚，广泛分布于欧亚大陆北部和世界温带和亚热带地区。中国大部分地区均可见，武汉常见于空地野生。

平车前

一年生或二年生草本植物。幼苗可食。全株入药，具有利尿、清热、明目、祛痰的功效，主治小便不通、淋浊、带下、尿血、黄疸、水肿、泄泻、鼻衄、目赤肿痛、喉痹、咳嗽、皮肤溃疡等。

【别称】 车前草、车茶草、蛤蟆叶等。

【分类】 车前科 车前属。

【形态特征】叶基生呈莲座状，平卧、斜展或直立；叶片纸质，椭圆形、椭圆状披针形或卵状披针形，长 3—12 厘米，宽 1—3.5 厘米，先端急尖或微钝，边缘具浅波状钝齿、不规则锯齿，基部宽楔形或狭楔形，下延至叶柄，脉 5—7 条，上面略凹陷，于背面明显隆起，两面疏生白色短柔毛；叶柄长 2—6 厘米，基部扩大成鞘状。花序 3—10 个；花序梗长 5—18 厘米，有纵条纹，疏生白色短柔毛；穗状花序细圆柱状，

上部密集，基部常间断，长 6—12 厘米；苞片三角状卵形，长 2—3.5 毫米，内凹，无毛，龙骨突宽厚，宽于两侧片，不延至或延至顶端；花萼长 2—2.5 毫米，无毛，龙骨突宽厚，不延至顶端，前对萼片狭倒卵状椭圆形或宽椭圆形，后对萼片倒卵状椭圆形或宽椭圆形；花冠白色，无毛，冠筒等长或略长于萼片，裂片极小，椭圆形或卵形，长 0.5—1 毫米，于花后反折。蒴果卵状椭圆形或圆锥状卵形，长 4—5 毫米，于基部上方周裂。种子 4—5，椭圆形，腹面平坦，长 1.2—1.8 毫米，黄褐色至黑色；子叶背腹向排列。花期 5—7 月，果期 7—9 月。

【辨识要点】叶基生呈莲座状，平卧、斜展或直立；穗状花序细圆柱状，挺立。

【分布范围】喜阳光充足、干燥的环境。全世界温带至热带地区均有分布。中国主要分布于西北、西南、华东、华中、华南等地，武汉常见于路边、荒地、草地。

报春花

二年生草本植物。全草可入药，有清热解毒的功效。主治肺热咳嗽、咽喉肿痛、月火目赤、痈肿疮疖等。

【别称】 小种樱草、七重楼等。

【分类】 报春花科 报春花属。

【形态特征】茎直立。叶基生，多数簇生，叶片长椭圆形或卵形，边缘具圆齿浅波状缺刻，叶柄长 2—15 厘米，鲜时带肉质，具狭翅，被多细胞柔毛。伞形花序，花梗纤细，花萼钟状，花冠淡蓝紫色、粉红色、

红色或近白色。蒴果球形。种子细小。花期2—5月，
果期3—6月。

【辨识要点】叶基生，多数簇生，叶片长椭
圆形或卵形，边缘具圆齿浅波状缺刻。伞形花序，
花萼钟状，花冠淡蓝紫色、粉红色、红色或近白色。

【分布范围】喜温凉、湿润的环境，多生长于
田边、荒野、林缘和沟边。世界各地广泛栽培。武
汉主要见于家庭、公园盆栽和道路绿化。

紫云英

二年生草本植物，嫩梢可作为蔬菜食用。紫云英是中国主要蜜源植物之一，常作绿肥、牧草栽培。
药用价值极高，有祛风明目、健脾益气、解毒止痛的功效，根可用于治疗肝炎、营养性水肿、月经不
调等；全草可用于治疗急性结膜炎、神经痛、带状疱疹、疮疖痈肿、痔疮等；种子入药，有补气固精、
益肝明目、清热利尿之效。

【别称】翘摇、红花草子等。

【分类】豆科 黄耆属。

【形态特征】茎匍匐多分枝，高可达30厘米。奇数羽状复叶，具7—13片小叶；小叶椭圆形或近倒
卵形，长10—15毫米，宽4—10毫米，先端钝圆或微凹，基部宽楔形。总状花序，呈伞形，生5—10花；
总花梗腋生，苞片三角状卵形，花梗短；花萼钟状，萼齿披针形；蝶形花冠紫红色或橙黄色，旗瓣倒卵形，
长10—11毫米，翼瓣较旗瓣短，长约8毫米。荚果线状长圆形，稍弯曲，长12—20毫米，宽约4毫米，
具隆起的网纹。种子肾形，栗褐色，长约3毫米。花期2—6月，果期3—7月。

【辨识要点】总状花序，呈伞形，蝶形花冠紫红色或橙黄色，开花后十分美丽。

【分布范围】分布于中国长江流域各省区，全国各地多有栽培，武汉常见于山坡、溪边、潮湿地
带及撂荒地等。

苋菜

一年生草本植物。茎叶可食用；叶色杂可供观赏；根、果实及全草入药，有利大小便、润肠胃、清热、明目、去寒热的功效。

【别称】 汉菜、寒菜、三色苋、云香菜、雁来红、老少年、老来少、云天菜、玉米菜等。

【分类】 苋科 苋属。

【形态特征】 茎直立，常分枝，株高80—150厘米。叶片菱状卵形或披针形、卵形，长4—10厘米，宽2—7厘米，绿色或具红色、紫色、黄色斑块，或全为红色、紫色；全缘或有波状平滑缺刻；叶柄长2—6厘米，绿色或红色。穗状花序顶生或腋生，雄花和雌花混生；花被片长椭圆形，长3—4毫米，绿色或黄绿色，顶端有长芒尖。囊果卵状长椭圆形，长2—2.5毫米。种子倒卵形或近圆形，直径约1毫米，黑棕色或黑色。花期5—8月，果期7—9月。

【辨识要点】 叶片菱状卵形或披针形、卵形，绿色或具红色、紫色、黄色斑块，或全为红色、紫色。

【分布范围】 原产中国、印度及东南亚等地。中国各地均有栽培，武汉主要为周边菜农栽种，也有逸为野生。

一枝黄花

多年生草本植物。全草入药，有疏风泄热、解毒消肿的功效，可用于治疗毒蛇咬伤、痈肿疮疖等。

【别称】 黄花细辛、土细辛、黄柴胡、黄花草、蛇头王、满山草、百根草、金柴胡、朝天一炷香、蛇头王、见血飞、黄花一枝香、野黄菊、山边半枝香、洒金花、铁金拐、苤子草、小白龙须、黄花马兰、大败毒等。

【分类】 菊科 一枝黄花属。

【形态特征】 茎直立，不分枝或中部以上有分枝，株高35—100厘米。叶互生，宽披针形、长椭圆形、椭圆形或卵形，长2—5厘米，宽1—1.5厘米，全缘或有细齿。头状花序，长6—8毫米，宽6—9毫米，疏生或密生，在茎上排列成总状花序或伞房圆锥花序,整株的总体花序长6—25厘米。舌状花花冠长椭圆形，长6毫米。瘦果长3毫米。

花果期 4—11 月。

【辨识要点】 头状花序，疏生或密生，在茎上排列成总状花序或伞房圆锥花序。

【分布范围】 喜凉爽、湿润的环境，耐寒，多生于林下、草丛、山坡。原产中国南方，华东、华中、西南、西北、华南等地均有分布，武汉常见于林缘、林下、灌丛、山坡草地及路边。

大丽菊

多年生草本植物。花形美丽多样。多作庭园栽植、花坛布置或盆栽，也可做切花。根内含菊糖，与葡萄糖有同样的药用功效。

【别称】 大理花、天竺牡丹、东洋菊、西番莲、地瓜花等。

【分类】 菊科 大丽花属。

【形态特征】 块根棒状。茎直立，多分枝，高 1.5—2 米。羽状复叶 1—3 回，小叶长椭圆形或卵形，上部叶有时为单叶。头状花序，宽 6—12 厘米；舌状花花色丰富，有红色、淡红色、黄色、橙色、深紫色、洒金色、白色等；管状花黄色，有时在栽培种全部为舌状花。瘦果长圆形，长 9—12 毫米，宽 3—4 毫米，黑色，扁平。花期 6—12 月，果期 9—10 月。

【辨识要点】 块根棒状，舌状花花色丰富。

【分布范围】 畏酷暑，不耐寒，喜生于昼夜温差大的地区。原产美洲墨西哥。全世界均有栽种。中国多个省区均有栽培，武汉多见于庭院、小区和家庭种植。

瓜叶菊

多年生草本植物，常作一二年生栽培。花形美丽，主要用作观赏。

【别称】 富贵菊、黄瓜花等。

【分类】 菊科 瓜叶菊属。

【形态特征】 茎直立，高 30—70 厘米。叶宽心形或肾形，长 10—15 厘米，宽 10—20 厘米，叶缘浅裂或具钝锯齿；掌状网脉下凹。头状花序，直径 3—5 厘米，小花紫红色、粉红色、淡蓝色或近白色；舌状花冠长椭圆形，长 2.5—3.5 厘米，宽 1—1.5 厘米；管状花黄色，长约 6 毫米。瘦果长圆形，长约 1.5 毫米。花果期 3—7 月。

【辨识要点】 头状花序，小花紫红色、

粉红色、淡蓝色或近白色；舌状花冠长椭圆形；管状花黄色。

【分布范围】 喜温暖、湿润、通风的环境，不耐高温，怕霜冻。原产大西洋加那利群岛。中国各地公园或庭院广泛栽培，武汉多见于公园或家庭盆栽。

马兰

多年生草本植物。幼叶通常作蔬菜食用。全草药用，有清热利湿、凉血止血、解毒消肿的功效。

【别称】 马兰头、田边菊等。

【分类】 菊科 紫菀属。

【形态特征】 根状茎有匍枝，有时具直根。茎直立，高 30—70 厘米，上部有短毛，上部或从下部起有分枝。基部叶在花期枯萎；茎部叶倒披针形或倒卵状矩圆形，长 3—6 厘米稀达 10 厘米，宽 0.8—2 厘米稀达 5 厘米，顶端钝或尖，基部渐狭成具翅的长柄，边缘从中部以上具有小尖头的钝或尖齿或有羽状裂片，上部叶小，全缘，基部急狭无柄，全部叶稍薄质，两面或上面有疏微毛或近无毛，边缘及下面沿脉有短粗毛，中脉在下面凸起。头状花

序单生于枝端并排列成疏伞房状；总苞半球形，直径 6—9 毫米，长 4—5 毫米，总苞片 2—3 层，覆瓦状排列，外层倒披针形，长 2 毫米，内层倒披针状矩圆形，长达 4 毫米，顶端钝或稍尖，上部草质，有疏短毛，边缘膜质，有缘毛；花托圆锥形；舌状花 1 层，15—20 个，管部长 1.5—1.7 毫米，舌片浅紫色，长达 10 毫米，宽 1.5—2 毫米，管状花长 3.5 毫米，管部长 1.5 毫米，被短密毛。瘦果倒卵状矩圆形，极扁，长 1.5—2 毫米，宽 1 毫米，褐色，边缘浅色而有厚肋，上部被腺及短柔毛。花期 5—9 月，果期 8—10 月。

【辨识要点】 茎部叶倒披针形或倒卵状矩圆形。舌状花 1 层，舌片浅紫色。

【分布范围】 生于荒地、路旁、林缘及草地。朝鲜、日本、中南半岛至印度有分布。中国分布于西部、中部、南部、东部等地区，武汉多见于林缘、草丛、溪岸、田间地头或荒地野生。

蒲公英

多年生草本植物。常见野草，可食用，生吃、做汤、炒食、炝拌均可；可入药，用于治疗胃炎、肝炎、急性阑尾炎、胆囊炎、尿路感染、急性乳腺炎等。

【别称】 黄花地丁、蒲公草、华花郎、尿床草、婆婆丁等。

【分类】 菊科 蒲公英属。

【形态特征】 叶多基生，叶片长圆状披针形、倒卵状披针形或倒披针形，长 4—20 厘米，宽 1—5 厘米，羽状深裂，叶缘具波状齿。花葶 1 个至数个，高 10—25 厘米；头状花序，直径 30—40 毫米；

舌状花黄色，近长矩形，舌片长约 8 毫米，宽约 1.5 毫米，末端截形，微有内凹。瘦果倒卵状披针形，暗褐色，长 4—5 毫米，宽 1—1.5 毫米，顶端具白色冠毛，长约 6 毫米，果序外观呈球状。花期 4—9 月，果期 5—10 月。

【辨识要点】 头状花序，舌状花黄色。瘦果倒卵状披针形，暗褐色，顶端具白色冠毛，果序外观呈球状。

【分布范围】 多生于山坡草地、田野、路边、河滩。蒙古、朝鲜、俄罗斯等地均有分布。中国大部分地区均有分布，武汉常见于空地野生。

白花车轴草

多年生草本植物。有良好的水土保持作用，也是优良牧草，还可作绿肥；种子含油；全草可供药用，有清热凉血、宁心的功效。

【别称】 白车轴草、白花苜蓿、菽草翘摇。

【分类】 豆科 车轴草属。

【形态特征】 茎匍匐，无毛。掌状复叶，多 3 小叶；小叶倒卵形或近圆形，顶端圆或微凹。头状花序，有长总花梗，高出于叶；萼筒状；花冠白色或淡红色。荚果椭圆形倒卵状，常具 3 种子。种子细小，近圆形，黄褐色。

【辨识要点】 掌状复叶，多 3 小叶；小叶倒卵形或近圆形。头状花序，花冠白色或淡红色。

【分布范围】 原产欧洲和北非，世界各地均有栽培。中国东北、河北、华东及西南地区均有分布，武汉常见于庭院、小区、校园等处的绿化，多成片栽种。

野豌豆

多年生草本植物。优良牧草，亦作蔬菜食用，其花色艳丽，还可用于观赏。叶及花果药用有补肾调经、祛痰止咳的功效。可治疗肾虚腰痛、遗精、月经不调、咳嗽痰多等；外用可治疗疔疮。种子含油。

【别称】 滇野豌豆等。

【分类】 豆科 野豌豆属。

【形态特征】 茎匍匐，斜升，高30—100厘米。偶数羽状复叶，长7—12厘米，小叶5—7对，长圆披针形或长卵圆形，长0.6—3厘米，宽0.4—1.3厘米，先端微凹，两面被疏柔毛；叶轴顶端卷须发达。总状花序，花腋生；蝶形花冠，红色、近紫色或浅粉红色，稀白色；旗瓣先端凹，形似提琴。荚果宽长圆状，长2.1—3.9厘米，宽0.5—0.7厘米，成熟后为亮黑色。种子5—7，扁圆球形。花期6月，果期7—8月。

【辨识要点】 偶数羽状复叶，叶轴顶端卷须发达。蝶形花冠，红色、近紫色或浅粉红色，稀白色；旗瓣先端凹，形似提琴。

【分布范围】 喜生于山坡或林缘草丛。多分布于俄罗斯、日本、朝鲜。中国西南、西北等地均有分布，武汉常见于空地和草丛。

蚕茧草

多年生草本植物。全草可药用，具有解毒透疹、散寒止痛的功效。

【别称】 紫蓼、小蓼子草、香烛干子等。

【分类】 蓼科 蓼属。

【形态特征】 茎直立，高可达1米，棕褐色，单一或分枝，节部通常膨大，被筒状托叶鞘。叶互生，长椭圆形或披针形，长6—12厘米，宽1—1.5厘米。总状花序，呈穗状，长6—12厘米；花被5裂，淡红色或白色，花被片长椭圆形，长2.5—3毫米。瘦果卵圆形，长约2毫米。花期8—10月，果期9—11月。

【辨识要点】 节部通常膨大，托叶鞘筒状，围生在节上。

【分布范围】野生于水沟或路旁草丛中。朝鲜、日本均有分布。中国四川、湖北、浙江、福建、江苏、安徽、广东、台湾等地均有，武汉常见于田间沟渠旁或邻水的空地。

羊蹄

多年生草本植物。常见杂草。根、茎入药，有凉血止血、解毒杀虫的功效，可用于治疗大便秘结、吐血、热毒疮疡等。

【别称】土大黄、羊蹄叶、牛舌头、羊皮叶子、野菠菜等。

【分类】蓼科 酸模属。

【形态特征】茎直立，高50—100厘米。基生叶披针状长椭圆形或长椭圆形，长8—25厘米，宽3—10厘米，叶缘轻微波状；上部叶狭长椭圆形；叶柄长2—12厘米；膜质托叶鞘。总状花序圆锥状；花被片6，淡绿色。瘦果阔卵形，长约2.5毫米。花期5—6月，果期6—7月。

【辨识要点】基生叶披针状长椭圆形或长椭圆形，膜质托叶鞘。总状花序圆锥状。

【分布范围】多生于田边路旁和河滩、湿地。主要分布于中国东北、华北、华东、华中、华南、西南等地，俄罗斯、日本、朝鲜也有分布。武汉常见于路旁、林下、空地及杂草丛中。

白鹤芋

多年生草本植物。叶片翠绿，佛焰花序，苞片洁白，有很强的观赏性。可过滤室内废气，净化空气。

【别称】苞叶芋、一帆风顺、和平芋、百合意图、白鹤芋等。

【分类】天南星科 白鹤芋属。

【形态特征】株高30—40厘米，茎短小或无茎。叶基生，深绿色，披针状长椭圆形，两端渐尖，叶脉明显，叶全缘或有缺刻。佛焰花序直立向上，苞片白色或微绿色，花序肉穗圆柱状，白色或乳黄色。花期5—8月。

【辨识要点】佛焰花序，苞片白色。

【分布范围】白鹤芋喜温暖湿润、半阴的环境，不耐寒，忌强烈阳光直射。原

产哥伦比亚，生于热带雨林中，现各地均有栽培。武汉主要为家庭盆栽观赏或作大型活动花摆。

广东万年青

多年生常绿草本植物。赏叶植物，可做切花。全株入药，具有清热凉血、消肿拔毒、止痛的功效，可敷治咽喉肿痛、肺热咳嗽、吐血、疮疡肿毒、痔疮和蛇咬伤等。

【别称】 大叶万年青、粤万年青、粗肋草、亮丝草、冬不凋草等。

【分类】 天南星科 广东万年青属。

【形态特征】 茎直立，高40—70厘米。叶卵形或倒宽披针形，长15—25厘米，宽10—13厘米，有光泽。穗状花序顶生，佛焰苞长椭圆披针形，长6—7厘米，宽1.5厘米；花色白而带绿。浆果球形，长2厘米，宽8毫米，柱头宿存；由绿转红，经冬不落。种子长圆形，长约1.7厘米。花期5月，果期10—11月。

【辨识要点】 多年生常绿草本植物，叶基部丛生，宽倒披针形。

【分布范围】 耐阴，喜温暖、湿润的环境，忌阳光直射，不耐寒，原种多生于密林中。中国主要分布于广东、广西至云南东南部，南北各省常盆栽置于室内，武汉多见于温室栽培或室内绿植摆放。

海芋

多年生草本植物。大型赏叶植物。有毒，不可食。根茎可入药，有散结消肿、清热解毒、行气止痛的功效，多用于治疗感冒、流感、风湿骨痛、肺结核、腹痛、痈疽肿毒、疔疮、疥癣、斑秃、虫蛇咬伤等。

【别称】 观音莲、野芋、木芋头、毒芋头、老虎芋、大虫芋、蛇芋、天河芋、大麻芋、狗神芋、姑婆芋、痕芋头、尖尾野芋头、奚芋头等。

【分类】 天南星科 海芋属。

【形态特征】 直立茎和匍匐茎，茎高有不足10厘米的，也有高达3—5米。叶聚生茎顶，叶片长卵状，呈戟形，长50—90厘米，宽40—90厘米，有的长宽都在1米以上，边缘有波状缺刻；叶柄可长达1.5米。肉穗花序，具白色佛焰苞片，雄花在上部，雌花在下部。浆果卵状，红色，长8—10毫米，粗5—8毫米，种子1—2。花期四季，但在阴暗环境下常不开花。

【辨识要点】 叶大型；肉穗花序，具白色佛焰苞片。

【分布范围】 多生长于热带雨林。菲律宾、印度东北部至马来半岛、印度尼西亚、孟加拉国有分布。中国主要分布于华南、西南及福建、台湾、湖南等地，武汉主要见于园林栽培，也有逸为野生。

花叶万年青

多年生常绿灌木状草本植物，赏叶植物。可做切花。有清热解毒的功效，可用于治疗闪挫扭伤、跌打损伤、疮疗、丹毒、痈疽等。

【别称】 黛粉叶等。

【分类】 天南星科 黛粉芋属。

【形态特征】 茎高可达1米，粗1.5—2.5厘米。叶片长椭圆形或长圆状披针形，长15—30厘米，宽7—12厘米，暗绿色，有光泽，分布有不规则的乳白色、白色或黄绿色斑块。

肉穗花序具佛焰苞片，长圆披针形，花零散。浆果橙黄绿色。

【辨识要点】 叶片长椭圆形或长圆状披针形，分布有不规则的乳白色、白色或黄绿色斑块。

【分布范围】 喜温暖、湿润和半阴环境。原产南美。中国广东、福建各热带城市普遍栽培，也有逸生的，武汉常见于室内栽培，作观赏用。

花烛

多年生常绿草本植物。佛焰花序色泽艳丽，观赏性强。可以吸收废气和各种有害气体。

【别称】 红掌、红鹤芋、火鹤花、红鹅掌、安祖花等。

【分类】 天南星科 花烛属。

【形态特征】 株高一般为50—80厘米，因品种而有差异；茎矮。叶基生，具长柄，卵状心形或长椭圆状心形，革质，全缘，叶脉凹陷。花腋生，佛焰苞片鲜红色、猩红色或橙红色、白色，卵圆状心形，蜡质有光泽；肉穗花序鹅黄色或黄色，直立，圆柱状。常年开花。

【辨识要点】 叶卵状心形或长椭圆状心形，革质，全缘。佛焰苞片鲜红色、猩红色或橙红色、白色，卵圆状心形，蜡质有光泽。

【分布范围】 原产哥斯达黎加、哥伦比亚等热带雨林区。欧洲、亚洲、非洲皆有广泛栽培。武汉常见于家庭和公园栽种。

葱莲

多年生草本植物。带鳞茎的全草可作药用，有宁心、平肝、熄风镇静的作用，主治羊癫疯、小儿惊风等。

【别称】 韭菜莲、白花菖蒲莲、玉莲、肝风草等。

【分类】 石蒜科 葱莲属。

【形态特征】 鳞茎卵形，直径约 2.5 厘米。叶线形，肥厚，亮绿色。花茎中空；花单生于花茎顶端，白色，花被片 6，长 3—5 厘米，宽约 1 厘米。蒴果三棱状近球形，直径约 1.2 厘米。种子黑色，扁平。花期秋季。

【辨识要点】 花茎中空；花白色，花被片 6。

【分布范围】 喜阳光充足的环境，耐半阴。原产南美洲，分布于温暖地区。中国栽培广泛，武汉主要作园林绿植，可常见于花坛、花径的镶边材料，或成片种植、散植，也见于盆栽供室内观赏。

韭莲

多年生草本植物。庭院或家庭栽种赏花植物。干燥全草及鳞茎入药，有散热解毒、活血凉血的功能，主要用于治疗跌伤红肿、毒蛇咬伤、吐血、血崩等。

【别称】 风雨花、韭菜莲、菖蒲莲、风雨兰、韭兰、红玉莲等。

【分类】 石蒜科 葱莲属。

【形态特征】 株高 15—30 厘米，成株丛生状；鳞茎卵球形，直径 2—3 厘米。叶常基生，线形，扁平，长 15—30 厘米，宽 6—8 毫米。花单生于花茎顶端，下有佛焰苞状总苞，总苞片常带淡紫红色，长 4—5 厘米，下部合生成管；花梗长 2—3 厘米；花瓣红色或玫瑰红色，多为 6 片，有时 8 片，长椭圆形，长 3—6 厘米，顶端略尖。蒴果近球形。种子黑色。花期夏秋季。

【辨识要点】 叶片比葱莲要宽大、长，花瓣多为红色或玫瑰红色；花冠下部合为管状。

【分布范围】 喜温暖、湿润、阳光充足的环境，亦耐半阴，也耐干旱、耐高温。原产中美、南美洲，移植于热带、亚热带地区。中国南北各地庭院都有引种栽培，武汉常用作花坛、花径或者草地的镶边材料，或见于家庭盆栽。

君子兰

多年生草本植物。有很强的观赏价值，能净化室内空气、吸附粉尘。全株入药，叶片和根系提取物有抗病毒和抗癌的作用，可用于肝硬化腹水、消化道肿瘤等的治疗。

【别称】 大叶石蒜、剑叶石蒜、大花君子兰、达木兰等。

【分类】 石蒜科 君子兰属。

【形态特征】 茎基部宿存的叶基呈鳞茎状。叶剑形或宽带形，革质，深绿色具光泽，全缘，长 30—50 厘米，最长可达 85 厘米，宽 3—5 厘米；多基生，互生排列。花葶自叶腋中生长挺出；伞形花序顶生，每个花序有小花 7—30 朵，多的可达 40 朵以上；花冠漏斗状，花瓣多橙红色、橘黄色或黄色；花被片 6，下部合生，上部分裂。浆果紫红色，宽卵形。可全年开花，但以春夏为主，冬季有时也可开花，花期可长达 30—50 天，果实成熟期 10 月左右。

【辨识要点】 叶剑形或宽带形，革质，多基生，互生排列。花葶自叶腋中生长挺出；花冠漏斗状，花瓣多橙红色、橘黄色或黄色；花被片 6，下部合生，上部分裂。

【分布范围】 喜半阴、湿润环境，忌强光。原产非洲南部亚热带山地森林中。欧美国家均有栽培。中国广泛栽培，武汉常见于温室栽培，摆放于室内作观赏用，也用于布置会场、装饰宾馆等。

石蒜

多年生草本植物。常见的园林观赏植物。有解毒、祛痰、利尿、催吐、杀虫等功效，但有小毒，主要用于治疗咽喉肿痛、痈肿疮毒、瘰疬、肾炎水肿、毒蛇咬伤等。

【别称】 龙爪花、蟑螂花、彼岸花（花红色）等。

【分类】 石蒜科 石蒜属。

【形态特征】 鳞茎近球形，直径1—3厘米。秋季出叶，叶狭带状，长约15厘米，宽约0.5厘米，顶端钝，深绿色，中间有粉绿色带。花茎高约30厘米；总苞片2枚，披针形，长约3.5厘米，宽约0.5厘米；伞形花序有花4—7朵，花鲜红色；花被裂片狭倒披针形，长约3厘米，宽约0.5厘米，强度皱缩和反卷，花被筒绿色，长约0.5厘米；雄蕊显著伸出于花被外，比花被长1倍左右。花期8—9月，果期10月。

【辨识要点】 花形奇特美丽，很容易辨识。

【分布范围】 野生于阴湿山坡和溪沟边，

庭院也栽培。日本有分布。中国分布于山东、河南、安徽、江苏、浙江、江西、福建、湖北、湖南、广东、广西、陕西、四川、贵州、云南等地，武汉常见于花坛点缀，也有野生。

水仙

多年生草本植物。中国传统观赏花卉。花香清雅馥郁，花朵芳香油含量高，可提炼调制香精、香料，配制香水，香皂及高级化妆品。全草有毒，鳞茎毒性较大，误食后有呕吐、腹痛、脉搏频微、出冷汗、下痢、呼吸不规律、体温上升、昏睡、虚脱等症状，严重者发生痉挛、麻痹而死。鳞茎入药，有清热解毒、散结消肿等疗效，可用于治疗痈疖疔毒初起红肿热痛、腮腺炎等。

【别称】 中国水仙等。

【分类】 石蒜科 水仙属。

【形态特征】 鳞茎卵球形。叶宽线形，扁平，长20—40厘米，宽0.8—1.5厘米，先端钝，苍绿色，叶面具霜粉，全缘，叶脉为直出平行

脉，叶基部为乳白色鞘状鳞片，无叶柄。花茎几与叶等长；伞形花序有花4—8朵；佛焰苞状总苞膜质；花梗长短不一；花被管细，灰绿色，近三棱形，长约2厘米；花被裂片6，卵圆形至阔椭圆形，顶端具短尖头，白色，芳香；副花冠浅杯状，鹅黄色或鲜黄色，长不及花被的一半；雄蕊6，着生于花被管内，雌蕊花柱细长，柱头3裂。果为小蒴果，成熟后背部开裂。花期春季。

【辨识要点】叶宽线形，扁平。花芳香，花冠白色，裂片6，副花冠鹅黄色或鲜黄色，呈杯状。

【分布范围】喜阳光充足的环境，生命力顽强，能耐半阴，不耐寒。原产亚洲东部滨海地区。中国浙江、福建沿海岛屿自生，各省区均有栽培，武汉多见于花卉市场或家庭栽培。

佛甲草

多年生多浆草本植物。生长快，根系发达，植株细腻、花形美丽，与土壤结合紧密，可作护坡植物，也可盆栽观赏，还可用于屋顶绿化。全草药用，有清热解毒、散瘀消肿、止痛、退黄的功效，可用于治疗咽喉痛、肝炎、毒蛇咬伤、痈肿疮毒及烧伤、烫伤等。

【别称】佛指甲、铁指甲、狗牙菜、金莉插等。

【分类】景天科 景天属。

【形态特征】茎高10—20厘米。3叶轮生，少有4叶轮或对生；叶线形，长20—25毫米，宽约2毫米，先端钝尖，基部无柄，有短距。花序聚伞状，顶生；萼片5，线状披针形，长1.5—7毫米；花瓣5，黄色，披针形，长4—6毫米，先端急尖，基部稍狭；雄蕊10，较花瓣短。蓇葖略叉开，长4—5毫米，花柱短；种子小。花期4—5月，果期6—7月。

【辨识要点】叶轮生，线形，肉质，先端钝尖。花多为黄色，花瓣5，披针形，雄蕊长而明显。

【分布范围】适应性强，不择土壤，耐旱耐寒能力强。中国西南、西北、华中、华南等地均有分布，多生于低山或平地草坡上，武汉常见于江滩公园，作为景观和护坡植物。

落地生根

多年生草本植物。叶边缘容易生芽，芽长大后落地即成一新的个体。全草可入药，有活血止痛、消肿、拔毒生肌的功效，可治疗乳痈、痈肿疮毒、中耳炎、跌打损伤、外伤出血、烧伤及烫伤等。

【别称】打不死、生根草、登麻喜等。

【分类】景天科 落地生根属。

【形态特征】茎直立，可分枝，株高40—150厘米。羽状复叶，长10—30厘米，小叶革质有光泽，长椭圆形，长6—8厘米，宽3—5厘米，边缘有钝齿状缺刻，钝齿底部易生芽，芽长大后落地即成一新植物。

圆锥花序顶生，长 10—40 厘米；高脚碟状花冠，紫红色或淡红色，长可达 5 厘米，裂片 4，卵状披针形。蓇葖包在花萼及花冠内；种子小，有条纹。花期 1—3 月。

【辨识要点】 叶缘有芽，呈完整植株状，气生根明显，每个芽摘下后可发育成新的个体。

【分布范围】 喜阳光充足、温暖湿润的环境，耐寒。原产非洲。中国各地栽培，有逸为野生的，多生于山坡和灌木丛中。武汉常见于家庭和办公室内观赏栽种。

长寿花

多年生常绿草本多浆植物。赏叶赏花植物。

【别称】 圣诞伽蓝菜、寿星花、圣诞长寿花、矮生伽蓝菜、家乐花等。

【分类】 景天科 伽蓝菜属。

【形态特征】 茎直立，株高 10—30 厘米。叶对生，叶片长椭圆形，长 4—8 厘米，宽 2—6 厘米，亮绿色，肉质有光泽，叶缘上部具波状钝齿，下部全缘。聚伞花序圆锥状，每株有花序 5—7 个，花序长 7—

10 厘米，着生有 60—250 个花朵。花冠高脚碟形，径 1.2—1.6 厘米；花瓣 4 片，花色有桃红色、绯红色、橙红色、橙黄色、黄色和白色等。蓇葖果。种子多数。花期 1—4 月。

【辨识要点】 叶片长椭圆形，亮绿色，肉质有光泽，叶缘上部具波状钝齿，下部全缘。聚伞花序圆锥状，每株有花序 5—7 个，着生有 60—250 个花朵。花冠高脚碟形，花瓣 4 片，花色有桃红色、绯红色、橙红色、橙黄色、黄色和白色等。

【分布范围】 喜温暖湿润、阳光充足的环境，不耐寒，多分布于亚洲南部等的热带地区，以及中国的西南部，武汉常见于室内盆栽，放于桌面案头。

老鹳草

多年生草本植物。老鹳草可供药用，有祛风通络、清热利湿、活血等功效，可用于治疗筋骨酸痛、风湿痹痛、肌肤麻木、泄泻、疮毒、跌打损伤等。

【别称】 鸭脚老鹳草、鸭脚草、五叶草、老鹳筋、老鹳嘴等。

【分类】 牻牛儿苗科 老鹳草属。

【形态特征】 株高 30—50 厘米。茎直立，假二叉状分枝。叶对生；基生叶片圆肾形，5 深裂达 2/3 处，裂片倒卵状楔形，下部全缘，上部不规则状齿裂；茎生叶 3 裂至 3/5 处，裂片长卵形或宽楔形，上部齿状浅裂，先端长渐尖，表面被短伏毛，背面沿脉被短糙毛。花序顶生和腋生，萼片长卵形或卵状椭圆形；花瓣白色或淡红色，倒卵形。蒴果通常直立，长约 2 厘米。花期 6—8 月，果期 8—9 月。

【辨识要点】 叶呈掌状深裂，裂片形如古代兵器三尖两刃刀。花梗与总花梗相似，花、果期通常直立；蒴果通常直立，长约 2 厘米。

【分布范围】 喜阳光充足、温暖、湿润的环境，耐寒、耐湿。俄罗斯、朝鲜和日本有分布。中国分布于东北、华北、华东、华中、陕西、甘肃和四川，武汉多见于庭院、小区、公园等地。

天竺葵

多年生草本植物。观赏性花卉，有驱蚊的效果。可供药用，有止血、收缩血管、利尿、抗菌消炎的功效，可用于治疗胆结石、肾结石、气喘、肌肉酸痛、月经不调、乳房充血发炎等，有助于解决湿疹、灼伤、带状疱疹、癣及冻疮等皮肤问题。

【别称】 洋葵、洋绣球、日烂红、石腊红、入腊红等。

【分类】 牻牛儿苗科 天竺葵属。

【形态特征】 茎直立，下部木质化，节明显，有浓烈鱼腥味，株高 30—60 厘米。叶互生；叶片近圆形或肾形，近叶柄处内凹呈心形，直径 3—7 厘米，叶面有暗红色环纹；叶缘具波状圆形缺刻。伞形花序腋生，花梗 3—4 厘米，被柔毛和腺毛。花瓣鲜红色、粉红色、橙红色或白色，倒阔卵形，长 12—15 毫米，宽 6—8 毫米。蒴果被柔毛，长约 3 厘米。花期 5—7 月，果期 6—9 月。

【辨识要点】 叶片近圆形或肾形，近叶柄处内凹呈心形，叶面有暗红色环纹。花瓣倒阔卵形，通常为鲜红色、粉红色、橙红色或白色。

【分布范围】 喜冬暖夏凉的环境，原产非洲南部，中国各地普遍栽培。武汉多见于公园、家庭栽种。

蝴蝶兰

多年生草本植物。花形美丽，是很好的赏花植物。

【别称】 蝶兰、台湾蝴蝶兰等。

【分类】 兰科 蝴蝶兰属。

【形态特征】 气生根白色，粗大，暴露于叶片周边。茎短，常被叶鞘所包。叶片稍肉质，常为3—4枚或更多，长椭圆形或镰刀状长椭圆形，长10—20厘米，宽3—6厘米，上面绿色，反面紫色。花序侧生于茎基部，长达50厘米，不分枝或有时分枝；花序柄绿色，多少回折状；花瓣上方两片呈蝴蝶状，多为紫红色、白色。

【辨识要点】 花瓣上方两片呈蝴蝶状，多为紫红色、白色。

【分布范围】 原产亚热带雨林地区。大多生于潮湿的亚洲地区，现世界各地都有自然栽培或温室栽培。武汉常见于园林栽培、家庭或办公区域摆放。

铁皮石斛

多年生草本植物。其茎入药，有滋阴清热、生津养胃、明目强腰、润肺益肾的功效，在民间曾被誉为"仙草"。

【别称】 黑节草、铁皮斗、云南铁皮、铁皮枫斗等。

【分类】 兰科 石斛属。

【形态特征】 茎直立，圆柱形，长9—35厘米，粗2—4毫米，不分枝，具多节。叶长椭圆状披针形，长3—4厘米，宽0.9—1.1厘米，基部下端鞘状抱茎。总状花序，具2—3朵花；花冠类唇形，两侧对称，花瓣和萼片黄绿色，近相似，长椭圆状披针形，下部花瓣有紫红色斑块。花期3—6月。

【辨识要点】 茎圆柱形，具多节。叶长椭圆状披针形，基部下端鞘状抱茎。花冠类唇形，两侧对称，花瓣和萼片黄绿色，近相似，长椭圆状披针形，下部花瓣有紫红色斑块。

【分布范围】 喜温暖、湿润气候和半阴半阳的环境，不耐寒，多生于山地半阴湿的岩石上。中国主要分布于安徽、浙江、福建等地，武汉主要为大棚温室药材种植。

破铜钱

多年生草本植物。可生食或加盐腌渍成酱菜。全草可入药，具有宣肺止咳、利湿去浊、利尿通淋等功效，可用于治疗咳嗽、咳痰、肝胆湿热、口苦、头晕目眩、喜呕、两肋胀满、湿热淋证等。

【别称】 鹅不食草、小叶铜钱草等。

【分类】 五加科 天胡荽属。

【形态特征】 茎纤弱细长，匍匐，平铺地上成片。单叶互生，圆形或近肾形，直径0.5—1.6厘米，基部心形，3—5深裂几达基部，有2—3个钝齿；叶柄纤弱，长0.5—9厘米。伞形花序与叶对生，单生于节上；伞梗长0.5—3厘米；总苞片4—10枚，倒披针形，长约2毫米；每伞形花序具花10—15朵，花无柄或有柄；萼齿缺乏；花瓣卵形，呈镊合状排列；绿白色。双悬果略呈心形，长1—1.25毫米，宽1.5—2毫米；分果侧面扁平，光滑或有斑点，背棱略锐。花期4—5月。

【辨识要点】 叶整体轮廓圆形或近肾形，但有 3—5 深裂几达基部，有 2—3 个钝齿。

【分布范围】 喜生在湿润的路旁、草地、河沟边、湖滩、溪谷及山地，原产热带亚热带地区。中国安徽、浙江、江西、湖南、湖北、台湾、福建、广东、广西、四川等地均有分布，武汉多见于庭院、小区、公园及撂荒地。

铜钱草

多年生匍匐草本植物。全草可入药，有清热、利湿、镇痛的功效，可治湿疹、小便不利、腹痛等。

【别称】 野天胡荽、地弹花、圆币草等。

【分类】 五加科 天胡荽属。

【形态特征】 茎匍匐，直立部分高 8—37 厘米，节上易生须根。叶圆形或圆肾形，薄，叶缘全缘，或具 5—7 掌状浅裂，具不规则齿状缺刻。伞形花序单生、腋生或与叶对生；花序有花 25—50 个，花柄长 2—7 毫米；花瓣膜质，白色，有淡黄色至紫褐色的腺点。果实近圆形，黄色或紫红色。花果期 5—11 月。

【辨识要点】 叶圆形或圆肾形，薄，叶缘全缘，或具 5—7 掌状浅裂，具不规则齿状缺刻。叶柄在叶片近中央部与叶片连接。

【分布范围】 喜阴，忌强光。主要分布于中国四川、湖南、云南等地，武汉常见家庭或温室盆栽。

百合

多年生草本植物。观赏性花卉，多做切花。鳞茎可食，亦作药用，有滋阴润肺、清心安神的作用。主治痰中带血、阴虚久咳、热病后期，或失眠多梦、虚烦惊悸、精神恍惚、痈肿、湿疮等。

【别称】 百合蒜、夜合花、大师傅蒜、蒜脑薯、重迈、山丹、中庭、强蜀、番韭、倒仙、摩罗、重箱、中逢花等。

【分类】　百合科　百合属。

【形态特征】　株高 70—150 厘米。地上茎直立，圆柱形，常有紫色斑点，无毛，绿色。鳞茎球形，淡白色，由多数肉质肥厚的鳞片聚合而成。叶互生，无柄，椭圆状披针形或披针形，全缘，弧状平行脉。花大，单生于茎顶，漏斗形，多白色。蒴果长卵圆形，具钝棱。花期多为 7 月，果期 7—10 月。

【辨识要点】　大型漏斗形花冠，花瓣 6 片，多为白色，也有红色或嫣红色、黄色。

【分布范围】　喜凉爽、干燥的环境，较耐寒、怕水涝。中国各地均有种植，主产于河南、湖南、浙江等地，少部分为野生资源。武汉多见于花圃园艺和家庭种植，鲜花市场最为常见。

文竹

多年生草本植物。形态优雅，具有较高的观赏价值。根及全草可入药：根能润肺止咳，可用于治疗急性气管炎、咳嗽痰喘、痢疾等；全草有利尿通淋、凉血解毒的功效，可用于治疗小便淋漓、郁热咳血等。

【别称】　云竹、云片松、云片竹、刺天冬、山草、芦笋山草等。

【分类】　天门冬科　天门冬属。

【形态特征】　茎细长、柔软，多丛生，株高可达 3—6 米。叶细小，状枝针形。花白色。浆果紫黑色。花期 9—10 月，果期冬季至次年春季。

【辨识要点】　形态优雅，茎细长、柔软，叶细小，状枝针形。

【分布范围】　喜温暖湿润、半阴通风的环境，忌阳光直射，不耐寒，不耐旱。原产非洲南部。中国西北、中部、长江流域及南方各地均有分布，武汉常见于家庭盆景栽种。

萱草

多年生草本植物。花未开时可食用。可入药，有凉血止血、清热利尿的功效，用于治疗膀胱炎、小便不利、尿血、腮腺炎、黄疸、乳汁缺乏、月经不调、便血、衄血等；外用可治疗乳腺炎。

【别称】　金针菜、黄花菜、忘忧草、鹿葱、川草花、宜男草、忘郁、丹棘、鹿箭等。

【分类】　阿福花科　萱草属。

【形态特征】　根状茎短粗，长橄榄形。叶基生，条状披针形，长 40—80 厘米，宽

1.5—3.5厘米，背面被白粉。圆锥花序顶生，开花6—12朵，花葶高60—100厘米；花冠喇叭状，底部联合，长2—3厘米，上部分裂，花瓣6片，橙黄色，长7—12厘米，向外反卷。果有翅。花果期5—7月。

【辨识要点】 叶基生，条状披针形。圆锥花序顶生，花冠喇叭状，外形似百合，底部联合，上部分裂，花瓣6片，橙黄色。

【分布范围】 原产中国、日本，以及东南亚和西伯利亚地区，武汉常见于公园绿化和农田人工栽种，也有逸为野生。

喜旱莲子草

多年生草本植物。是危害性极大的入侵物种，被列为中国首批外来入侵物种。其嫩茎叶可食用，也可作为牛、兔和猪的饲料。全草入药，有解毒、利尿、清热凉血的功效，可抗菌、抗病毒和保肝，可用于治疗感冒发热、乙型脑炎、尿血、咳血、湿疹、麻疹、痈肿疔疮等。

【别称】 空心莲子草、空心苋、水蕹菜、革命草、水花生等。

【分类】 苋科 莲子草属。

【形态特征】 茎具分枝，下部匍匐，

上部斜上生长，圆柱状中空，长55—120厘米。叶片长椭圆形、长椭圆状倒卵形或倒卵状披针形，长2.5—5厘米，宽7—20毫米，全缘。头状花序，腋生，呈球形，直径8—15毫米；花被片白色，长椭圆形，长5—6毫米。花期5—10月。

【辨识要点】 喜生于池沼、水沟。叶片长椭圆形、长椭圆状倒卵形或倒卵状披针形。头状花序，腋生，呈球形，花被片白色。

【分布范围】 喜生于池沼、水沟。原产巴西。中国引种后逸为野生，东北、华东、华中、华南等地均有分布，武汉常见于水塘、潮湿空地野生。

两耳草

多年生草本植物。马、牛、羊喜食，是优良饲草，还可作为草坪和固土植物。

【分类】禾本科 雀稗属。

【形态特征】 直立茎高30—60厘米，匍匐茎可达1米。叶片披针状线形，长5—20厘米，宽5—10毫米，质薄，无毛或边缘具柔毛，直出脉序。总状花序2枚，纤细，长6—12厘米，开展。颖果长约1.2毫米。花果期5—9月。

【辨识要点】 总状花序2枚，纤细，分开如枝丫。

【分布范围】 原产拉丁美洲。全世界热带及温暖地区有分布。生于田野、林缘、潮湿草地上。中国主要见于云南、广西、海南、台湾等地，武汉常见于路边荒地和田间地头。

狼尾草

多年生草本植物。可用于固堤防沙，也可作为造纸的原料之一，茎叶还可作为饲料。全草和根可入药，有凉血明目、通经散寒、清肺止咳的功效，可用于治疗目赤肿痛、痈肿疮毒、肺热咳嗽、咯血等。

【别称】　大狗尾草、狼尾、黑狗尾草、狗尾草、狗尾巴草、狼茅、狗仔尾、老鼠根、老鼠狼、小芒草、戾草、光明草粮、光明草、芮草等。

【分类】　禾本科　狼尾草属。

【形态特征】　须根粗壮。秆直立，丛生。叶线形或剑形，长10—80厘米，宽3—8毫米；叶鞘光滑。圆锥花序直立，花穗淡绿色或紫色，明显大于狗尾草，长1.5—3厘米；小穗通常单生，偶有双生。颖果长椭圆形。花果期夏秋季。

【辨识要点】　圆锥花序直立，花穗淡绿色或紫色，明显大于狗尾草。

【分布范围】　喜温暖、湿润、光照充足的环境，抗寒性强，耐旱，耐湿，耐半阴。越南、缅甸、菲律宾、马来西亚、印度、巴基斯坦、日本、朝鲜及非洲有分布。中国东北、华北、华东、中南及西南各地有分布，武汉常见于田间地头和小山坡、空地处。

竹

多年生乔木状草本植物。形态优美，可供观赏，是中国文学创作的常见题材。幼芽称为竹笋，可食用。茎可作建筑材料和日常生活用具的编织材料，用途广泛。叶、茎、根均可入药，叶可用于治疗失眠、中风、口疮、目痛等；茎有温气寒热、止肺痿的功效，可用于治疗吐血、崩中、呕吐、五痔等，经火炙取汁后，能镇咳祛痰；根有清热除烦的功效，可用于治疗心肺五脏热毒气，还能安胎、止产后烦热。

【别称】 竹子等。

【分类】 禾本科 竹属。

【形态特征】 地下茎横生，地上茎直立、木质，因种类不同，高度可为10—400厘米。叶披针形，长7.5—16厘米，宽1—2厘米，叶缘平滑或具细锯齿状缺刻，直出平行脉。多数种类在生长12—120年后才开花结籽，一生只开花结籽一次。多为穗状花序，花色为白色、黄色、绿色等，少有红色、粉红色。

【辨识要点】 地下茎横生，地上茎直立、木质。叶披针形，叶缘平滑或具细锯齿状缺刻，直出平行脉。

【分布范围】 原产中国，世界各地均有分布。中国主要分布在南方，武汉常见于公园、小区、校园等公共绿化空间和私人种植。

活血丹

多年生草本植物。全草或茎叶可入药，有清热解毒、利湿通淋、散瘀消肿等功效。内服可用于治疗流感、伤风咳嗽、小儿支气管炎、尿路结石、风湿性关节炎、肺结核、糖尿病、慢性肺炎、出血、月经不调、痛经、黄疸、疳积、痢疾、疟疾、妇女产后血虚头晕、口疮等。外敷可用于治疗骨折、跌打损伤、外伤出血等。

【别称】 透骨消、透骨风、接骨消、马蹄筋骨草、铜钱草、地钱儿、一串钱、金钱艾、破铜钱、肺风草、也蹄草、金钱草、穿墙草、铍儿草、连钱草、白耳草、乳香藤、过墙风、甾骨风、蛮子草、胡薄荷、团经药、风草、金钱薄荷、十八缺、四方雷公根、对叶金钱草、疳取草、钻地风、遍地香等。

【分类】 唇形科 活血丹属。

【形态特征】 茎匍匐，节上有气生根，茎高10—30厘米，具四棱。叶片心形或近肾形，长1.8—2.6厘米，宽2—3厘米，边缘具粗锯齿状圆齿或圆齿状缺刻；叶柄较叶片长。花萼管状，花冠唇形，淡蓝色、蓝色至紫色，上唇2裂，直立，裂片近肾形，下唇较上唇片大，具深色斑点，3裂，中裂片肾形，最大，末端有内凹。坚果长圆状卵形，深褐色，长约1.5毫米，宽约1毫米。花期4—5月，果期5—6月。

【辨识要点】 叶片心形或近肾形。唇形花冠，淡蓝色、蓝色至紫色，下唇较上唇片大，有深色斑点。

【分布范围】 生于林缘、疏林下、草地中、溪边等阴湿处。中国除青海、甘肃、新疆及西藏外，各地均有分布，武汉常见于路边田野，也有人工栽培。

一串红

多年生亚灌木状草本植物。观赏性花卉，常用作花坛布景。

【别称】 炮仗红、西洋红、象牙红等。

【分类】 唇形科 鼠尾草属。

【形态特征】 茎直立，钝四棱形，高可达90厘米。叶三角状卵圆形或卵圆形，先端渐尖，长2.5—7厘米，宽2—4.5厘米，边缘有锯齿状小缺刻。总状花序顶生，长达20厘米或以上；苞片红色，卵圆形，在花开前包裹花蕾；唇形花冠，花萼钟状二唇形，红色，长1.6—2厘米，上唇三角状卵圆形，长5—6毫米，宽10毫米，下唇比上唇略长，深2裂；花冠红色，长4—4.2厘米，上唇长椭圆形，略内弯，下唇3裂，比上唇短。坚果椭圆形，暗褐色，长约3.5毫米，边缘具狭翅，光滑。

【辨识要点】 茎钝四棱形。叶三角状卵圆形或卵圆形，边缘有锯齿状小缺刻。总状花序顶生，苞片红色，在花开前包裹花蕾；唇形花冠，红色，花萼钟状二唇形，花冠上唇长椭圆形，下唇3裂，比上唇短。

【分布范围】 喜阳，耐半阴。原产巴西。中国各地广泛栽培，武汉常见于园林花摆和少量家庭种植。

土人参

一年生或多年生草本植物。根和嫩叶可食用，药膳两用。有清热解毒、滋补强壮的功效，能助消化、补气血、止咳、生津止渴，可用于治疗脾虚泄泻、咳痰带血、肺燥咳嗽、气虚乏力、神经衰弱等。

【别称】 假人参、土高丽参、福参、参草、栌兰、煮饭花等。

【分类】 土人参科 土人参属。

【形态特征】 茎直立，高30—100厘米。叶互生或近对生，叶片长椭圆形或倒卵形，稍肉质，全缘，稍具光泽。圆锥花序顶生或腋生，常二叉状分枝，花小，苞片披针形，膜质；萼片紫红色，卵形；花瓣淡紫红色或粉红色。蒴果近球形，种子扁圆形。6—8月开花，9—11月结果。

【辨识要点】 叶片长椭圆形或倒卵形，稍肉质，全缘，稍具光泽。圆锥花序顶生或腋生，花小，花瓣淡紫红色或粉红色。

【分布范围】 喜温暖、湿润的环境，耐高温、高湿，不耐寒。原产热带美洲，分布于南美、西非热带和东南亚等地。中国主要分布于长江以南各地，武汉逸为野生，多见于草丛、花坛。

万年青

多年生常绿草本植物，赏叶植物，全草入药，有清热解毒、散瘀止痛的功效，可治疗乳腺炎、咽喉炎、细菌性痢疾等。

【别称】 红果万年青、铁扁担、九节莲、开喉剑、冬不凋等。

【分类】 天门冬科 万年青属。

【形态特征】 根状茎粗短，具许多纤维根，根上密生白色绵毛。叶基生，近两列套叠，成簇，向下部渐狭，但柄不明显，基部稍扩大；叶片长椭圆形、倒披针形或披针形，长15—50厘米，宽2.5—7厘米，纸质较厚。花葶侧生，于叶腋抽出，直立或稍弯曲；穗状花序，密生多花，长3—4厘米，宽1.2—1.7厘米；苞片膜质，卵形；花被淡黄色，花被球状钟形，长4—5毫米，宽6毫米。浆果球形红色，直径约8毫米。具单颗种子。花期5—6月，果期9—11月。

【辨识要点】 叶基生，近两列套叠，成簇；叶片长椭圆形、倒披针形或披针形，大型，纸质较厚。

【分布范围】 喜高温、高湿、半阴的环境，不耐寒，忌强光，生林下潮湿处或草地上。主要分布于中国和日本。产中国华东、华中、西南等地区。武汉常见于盆栽供观赏，植物园有地面栽种。

乳浆大戟

多年生草本植物，有毒。有拔毒止痒、利尿消肿的功效，可用于治疗肺结核、骨结核、小便淋痛、四肢浮肿和疟疾等；还可外用于治疗瘙痒疮癣和瘰疬。

【别称】 烂疤眼、猫眼草、乳浆草、宽叶乳浆大戟、松叶乳汁大戟、华北大戟等。

【分类】 大戟科 大戟属。

【形态特征】 茎直立，可见丛生，单生时多至基部分枝，高30—60厘米，直径3—5毫米。叶卵形或线形，长2—7厘米，宽4—7毫米，无叶柄；苞叶2枚，多为肾形，少见三角状卵形或卵形，长4—12毫米，宽4—10毫米。花序二歧分枝，单生于顶端；雄花苞片宽线形；雌花子房柄高出总苞。蒴果三棱状球形，长与直径均5—6毫米。种子卵球状，长2.5—3.0毫米，直径2.0—2.5毫米，成熟时黄褐色。花果期4—10月。

【辨识要点】 叶卵形或线形，无叶柄；苞叶2枚，多为肾形，少见三角状卵形或卵形。花序二歧分枝，单生于顶端。蒴果三棱状球形。

【分布范围】 全国除贵州、海南、云南和西藏外，均有分布。武汉多见于路旁、山坡、林下、河沟边及杂草丛。

仙人球

多年生常绿肉质草本植物。茎、叶、花除均有较高观赏价值，还有吸附尘土、净化空气的作用。仙人球有滋补健胃、行气活血、清热解毒的功效，外敷可用于治疗腮腺炎、腱鞘炎、急性乳腺炎、烫伤、虫蛇咬伤等。

【别称】 珍珠戟、长盛丸、草球、短毛丸等。

【分类】 仙人掌科 仙人球属。

【形态特征】 茎球形或圆柱形，绿色、肉质、高约15厘米，具12—14条纵棱。棱上有叶退化而成的刺，每6—10枚或更多丛生，长2—4厘米。花侧生，喇叭状，长15—20厘米，白色或粉红色，夜间开放。浆果卵形或球形。种子细小。花期5—6月。

【辨识要点】 形似仙人掌，多棱，矮

如球状。

【分布范围】 喜高温环境，耐旱，畏寒。原产南美洲，一般生长在干燥、肥沃的土地或少雨的沙漠地带。全球各地均有栽培。武汉多见于温室栽培，办公场所和家庭室内盆栽。

仙客来

多年生草本植物。常作为室内盆栽赏花植物。植株尤其根茎部有一定的毒性，误食可能导致呕吐、腹泻；皮肤接触后可能会引起红肿瘙痒。仙客来对空气中二氧化硫有较强抗性，能净化空气。

【别称】 一品冠、兔子花、兔耳花、萝卜海棠、篝火花、翻瓣莲等。

【分类】 报春花科 仙客来属。

【形态特征】 茎短、直立，块茎扁球形。叶卵圆状心形，直径3—14厘米，质地稍厚；叶面深绿色，常具浅色斑纹；叶缘有细齿状缺刻。花葶高15—20厘米，果时不卷缩；花萼通常分裂达基部，裂片三角形或长圆状三角形，全缘；花冠白色或玫瑰红色，喉部深紫色，筒部近半球形，裂片长圆状披针形，稍锐尖，基部无耳，比筒部长3.5—5倍，剧烈反折。

【辨识要点】 叶卵圆状心形，质地稍厚；叶面深绿色，常具浅色斑纹；叶缘有细齿状缺刻。花冠玫瑰红色、浅紫红或白色。

【分布范围】 喜温暖环境，惧炎热，原产希腊、黎巴嫩、叙利亚等地，现已广为栽培。武汉多见于温室栽培，办公室和家庭内盆栽。

冷水花

多年生草本植物。赏叶植物。全草可供药用，有清热利湿、破瘀消肿、生津止渴和退黄护肝的功效，可用于治疗肺痨、湿热黄疸、跌打损伤、外伤感染等。

【别称】长柄冷水麻、透明草、透白草、铝叶草、白雪草等。

【分类】 荨麻科 冷水花属。

【形态特征】 茎肉质，匍匐上升，纤细。叶近长椭圆形、卵状披针形，长4—11厘米，宽1.5—4.5厘米，有白色或淡黄色斑块，叶缘有浅锯齿。花雌雄异株；雄花聚伞总状花序，长2—5厘米，疏生于花枝上；雌花序聚伞花序，短而密集。

瘦果卵圆形。花期 6—9 月，果期 9—11 月。

【辨识要点】 叶近长椭圆形、卵状披针形，有白色或淡黄色斑块，叶缘有浅锯齿。

【分布范围】 喜温暖、湿润的环境。分布于中国华东、华中、华东、西南、西北等地，日本、越南也有分布。武汉常见于园林绿化，也有野生。

凤梨花

多年生草本植物。凤梨花是一种观赏性很强的观花观叶植物，可栽培于室内。

【别称】 观赏凤梨、菠萝花等。

【分类】 凤梨科 水塔花属。

【形态特征】 叶剑形，革质，莲座状基生，有的具深绿色横纹或深绿色斑点，有的为褐色具绿色的水花纹样；临近花期，中心部分叶片变为光亮的深红色、粉红色，或仅前端红色；叶缘具细锐齿，叶端有刺。花多为淡紫红色或天蓝色。

【辨识要点】 临近花期，中心部分叶片变成光亮的深红色、粉红色，或全叶深红，或仅前端红色。

【分布范围】 喜温暖、湿润和有充足阳光的环境，原产墨西哥至巴西南部和阿根廷北部丛林。中国多温室栽培，武汉常见于室内栽培。

商陆

多年生草本植物。嫩茎叶可食用。根可入药，有逐水、散结、通便的功效，可用于治疗胀满、水肿、喉痹、脚气等；外敷可用于治疗痈肿疮毒。也可作农药和兽药。果实可提制栲胶。

【别称】 花商陆、章柳、山萝卜、见肿消、大苋菜、倒水莲、金七娘、猪母耳等。

【分类】 商陆科 商陆属。

【形态特征】 茎直立，多分枝，株高 0.5—1.5 米。叶互生，纸质，长椭圆形或卵状椭圆形、披针状椭圆形，长 10—30 厘米，宽 4.5—15 厘米，全缘。总状花序顶生或侧生，长 10—15 厘米；花两性，径约 8 毫米，花萼通常 5 片，偶为 4 片，长椭圆形或卵形，白色至淡红色；无花瓣。浆果扁球形，径约 7 毫米，紫黑色。种子扁平，黑色，肾圆形。花期 5—8 月。果期 6—10 月。

【辨识要点】 叶互生，纸质，长椭圆形或卵状椭圆形、披针状椭圆形。总状花序顶生或侧生，浆果扁球形，紫黑色。

【分布范围】 喜温暖湿润，不耐寒，中国大部分地区有分布。武汉常见于路边空地及潮湿低洼处。

扁竹兰

多年生草本植物。观赏性花卉。根状茎可供药用，治疗急性支气管炎和急性扁桃体炎等。

【别称】 扁竹、扁竹根等。

【分类】 鸢尾科 鸢尾属。

【形态特征】 根状茎匍匐地面生长，直径 4—7 毫米；地上茎直立，高 80—120 厘米，节明显，常残留有老叶的叶鞘。叶 10 余枚，宽剑形，长 28—80 厘米，宽 3—6 厘米，密生于茎顶。总状花序，花茎长 20—30 厘米；花浅蓝色或白色，直径 5—5.5 厘米；外花被裂片近长椭圆形，末端宽大，顶端微凹，长约 3 厘米，宽约 2 厘米，有橙色带状和点状斑块，边缘有波状皱褶；内花被裂片倒宽披针形，长约 2.5 厘米，宽约 1 厘米。蒴果椭圆形，长 2.5—3.5 厘米，直径 1—1.4 厘米。种子黑褐色，长 3—4 毫米，宽约 2.5 毫米。花期 4 月，果期 5—7 月。

【辨识要点】 叶为宽剑形，花冠形态辨识度明显。

【分布范围】 喜阳光充足的环境，耐阴，多生长于疏林下、林缘、沟谷湿地或山坡草地。主要分布于中国广西、云南、四川等地，武汉常见于园林丛植，或花境、草地、林缘栽种。

接骨草

多年生高大草本植物或半灌木。接骨草有止血、活血、祛风利湿的功效，可治风湿痹痛、大骨节病、骨折肿痛、跌打损伤、痛风、风疹、外伤出血、急慢性肾炎等。

【别称】 八棱麻、小接骨丹、排风藤、陆英、大臭草、蒴藋，秧心草等。

【分类】 五福花科 接骨木属。

【形态特征】 茎直立，具棱，髓部白色，株高1—2米。羽状复叶对生；小叶互生或对生，长椭圆形，长6—13厘米，宽2—3厘米，边缘具细锯齿缺刻。复伞形花序顶生，有黄色杯状腺体；花冠白色。果实近圆形，成熟后红色，直径3—4毫米。花期4—5月，果熟期8—9月。

【辨识要点】 茎具棱；羽状复叶对生，小叶长椭圆形。复伞形花序顶生，有黄色杯状腺体。果实近圆形，成熟后红色。

【分布范围】 喜阳，稍耐阴。日本有分布。中国分布于西北、华中、华南、华东、西南等地，武汉常见于路边荒地或人工栽种。

猫眼竹芋

多年生常绿草本植物。常见的室内赏叶植物。

【别称】 美丽肖竹芋等。

【分类】 竹芋科 叠苞竹芋属。

【形态特征】 茎直立，通常不分枝；株高常为60—100厘米。叶基生或茎生，叶片长椭圆形，近革质；叶面上分布近圆形暗色带状斑块，在主脉两侧与白色斑带交互呈羽状排列，对比鲜明，类似熊猫的眼睛。头状花序，花冠管与萼片硬革质。

蒴果，开裂为 3 瓣。种子三角形。

【辨识要点】 叶面上有近圆形暗色带状斑块，在主脉两侧与白色斑带交互呈羽状排列，对比鲜明，类似熊猫的眼睛。

【分布范围】 喜温暖、湿润和光线明亮的环境，耐阴，不耐寒，不耐旱，忌暴晒。分布于热带美洲及印度洋的岛域中。中国主要为人工栽种，武汉常见于温室栽培，办公场地、家庭等室内摆放。

石竹

多年生草本植物。是常见的观赏类植物，多作为绿化丛植。石竹可防治病虫害，根和全草入药，有破血通经、清热利尿、散瘀消肿的功效，可用于治疗尿血、尿路感染、妇女经闭、热淋、疮毒、湿疹等。

【别称】 中国石竹、北石竹、三脉石竹、钻叶石竹、中国沼竹、石竹子花等。

【分类】 石竹科 石竹属。

【形态特征】 茎直立，株高 30—50 厘米，节稍膨大。叶对生，线状披针形，长 3—5 厘米，宽 2—4 毫米，全缘或有小细齿。

花单生或聚伞花序；花萼圆筒形，长 15—25 毫米，直径 4—5 毫米，萼片披针形，长约 5 毫米；花瓣片倒卵状三角形，长 13—15 毫米，粉红色、紫红色、鲜红色或白色，也有双色。蒴果圆筒形，顶端 4 裂；种子黑色，扁圆形。花期 5—6 月，果期 7—9 月。

【辨识要点】节稍膨大。叶对生，线状披针形。花瓣片倒卵状三角形，边缘有钝锯齿状缺刻，粉红色、紫红色、鲜红色或白色，也有双色。

【分布范围】 喜阳光、湿润、通风及凉爽环境，耐寒，耐干旱，不耐酷暑。原产中国东北，除华南较热地区外，几乎全国各地均有分布，俄罗斯和朝鲜也有分布，武汉常见于空地生长，以及公园、庭院、道路绿化栽植。

秋海棠

多年生草本植物。观赏花卉。有微毒，全草及果实可入药，可治疗胃痛、哮喘、气管炎、吐血、咳血、衄血、月经不调、跌打损伤等；误食会引起腹泻、呕吐、呼吸困难、咽喉肿痛、皮肤瘙痒等。

【别称】 无名相思草、无名断肠草、八香等。

【分类】 秋海棠科 秋海棠属。

【形态特征】 茎直立，有分枝，高 40—60 厘米，具纵棱，无毛。茎生叶互生，叶片阔卵形至卵形，长 10—18 厘米，宽 7—14 厘米；主脉两侧不对称，叶缘具粗齿状缺刻，缺刻末端呈细芒状。二歧聚伞花序，花葶高 7.1—9 厘米，花序梗长 4.5—7 厘米；花瓣多为粉红色、嫣红色，花被片 4 枚，外面 2 枚阔卵形或近圆形，长 1.1—1.3 厘米，宽 7—10 毫米；内面 2 枚长椭圆状倒卵形或倒卵形，长 7—9 毫米，宽 3—5 毫米；

花蕊黄色。蒴果长椭圆形，长 10—12 毫米，直径约 7 毫米。种子数量极多，淡褐色，小，长椭圆形。花期 7 月开始，果期 8 月开始。

【辨识要点】　叶互生，叶片阔卵形至卵形，主脉两侧不对称，叶缘具粗齿状缺刻。花被片 4 枚，外面 2 枚阔卵形或近圆形，花瓣多为粉红色、嫣红色，花蕊黄色。

【分布范围】　喜温暖、湿润的环境，忌强光。爪哇、日本、马来西亚、印度有分布。中国主要分布于东北、西北、西南、华中、华南、华东等地，武汉常见于家庭或公园盆栽，也有逸为野生。

红花酢浆草

多年生草本植物。主要用于园林绿化和观赏，成片种植，也可盆栽。全草入药，有凉血散瘀、清热利湿、解毒消肿的功效，可治疮疖、痔疮、咽喉肿痛、痢疾、淋浊、痈肿、烧烫伤、跌打损伤、月经不调等。

【别称】　铜锤草、多花酢浆草、花花草、南天七、三夹莲等。

【分类】　酢浆草科　酢浆草属。

【形态特征】　株高 10—20 厘米，具球形根状茎。叶基生，叶柄较长，掌状复叶三小叶，小叶倒心形，长 1—4 厘米，宽 1.5—6 厘米，顶端内凹。二歧聚伞花序顶生；花瓣 5，倒心形，长 1.5—2 厘米，紫红色至淡紫色，或为粉红色。蒴果。花果期 3—12 月。

【辨识要点】　掌状复叶三小叶，小叶呈倒心形。花瓣 5，紫红色至淡紫色，或为粉红色。

【分布范围】　喜温暖、湿润、向阳的环境，一般生于空地、路旁阴湿处。原产巴西及南非好望角等地区。国内各地有栽培，逸为野生，武汉各公园、小区、校园、庭院常见绿化植物。

美丽月见草

多年生草本植物。根可入药，有消炎、降血压功效。可提炼月见草油，是重要的营养药物，能调节血液中类脂物质，对高血脂、高胆固醇引起的粥样硬化、冠状动脉阻塞及脑血栓等有显著疗效，还可用于治疗肥胖症、糖尿病、风湿性关节炎、多种硬化症和精神分裂症等。

【别称】　粉花月见草、粉晚樱草、夜来香、待霄草等。

【分类】　柳叶菜科　月见草属。

【形态特征】　茎直立多分枝，长 30—55 厘米。基生叶倒披针形，长 1.5—4 厘米，宽 1—1.5 厘米，

具不规则羽状深裂；茎生叶长椭圆形或披针形，长 3—6 厘米，宽 1—2.2 厘米，叶缘具疏齿状缺刻，基部细羽状分裂。花单生，近晨开放；花瓣紫红色至粉红色，宽倒卵形，长 6—9 毫米，宽 3—4 毫米。蒴果棒状，长 8—10 毫米，宽 3—4 毫米。种子长椭圆状倒卵形，长 0.7—0.9 毫米，宽 0.3—0.5 毫米。花期 4—11 月，果期 9—12 月。

【辨识要点】 基生叶倒披针形，具不规则羽状深裂；茎生叶长椭圆形或披针形，叶缘具疏齿状缺刻，基部细羽状分裂。花单生，近晨开放；花瓣 4，紫红色至粉红色，宽倒卵形。

【分布范围】 喜光，耐寒、耐酸、耐旱，忌积水，适应性强。分布于南美智利、阿根廷等地。原产美洲温带，中国引种，在中国东北等地逸为野生，湖北、湖南、浙江、四川、重庆、贵州、广西、云南等地均有分布，武汉主要见于公园等公共绿化区域。

美人蕉

多年生草本植物。美人蕉是常见的赏花赏叶植物。其纤维可作为纸、人造棉、织麻袋、搓绳等的原材料，叶可提取芳香油；根、茎可入药，有舒筋活络、清热利湿的功效，可用于治疗风湿麻木、黄疸肝炎、心气痛、子宫下垂、外伤出血，跌打损伤等。

【别称】 月月红、小花美人蕉、红艳蕉、小芭蕉等。

【分类】 美人蕉科 美人蕉属。

【形态特征】 茎直立，株高可达 1.5 米。叶片长椭圆形，长 10—30 厘米，宽 10 厘米或更多。总状花序单生；花瓣卵状长椭圆形，有红色、黄色、粉色及双色等，最大的一瓣长 8 厘米左右或更长；花柱扁平，长 3 厘米左右。蒴果长卵形，绿色，外被软刺，长 1.2—1.8 厘米。花果期 3—12 月。

【辨识要点】 叶片长椭圆形，侧出平行脉。花瓣卵状长椭圆形，有红色、黄色、粉色或双色等。

【分布范围】 喜阳光充足、温暖的环境，不耐寒。原产美洲、马来半岛、印度等热带地区，分布于印度以及中国大陆的南北各地。武汉常见于小区、庭院、公园、道路绿化栽植。

美女樱

多年生草本植物。美女樱是一种观赏性铺地植物。全草可入药，有清热凉血的功效。

【别称】 美人樱、草五色梅、四季绣球、铺地马鞭草、铺地锦等。

【分类】 马鞭草科 美女樱属。

【形态特征】 茎直立，具四棱，株高
10—50厘米；全株被细绒毛。叶对生，复
叶深羽状分裂3回，小叶线形，整体轮廓
为长椭圆形。穗状花序顶生，开花部分呈
伞房状，花小而密集，有红色、粉色、蓝色、
白色、青色及复色等，具芳香。花期5—11月。

【辨识要点】 复叶深羽状分裂3回，
小叶线形。穗状花序顶生，开花部分呈伞
房状，有时近球状，花小而密集，有红色、
粉色、蓝色、白色、青色及复色等，具芳香。

【分布范围】 喜阳光，不耐阴，较耐寒，不耐旱，原产南美洲，现世界各地广泛栽培。中国各地均
有引种栽培，北方多作一年生栽培，武汉常见于庭院、公园、道路两旁及人工绿化栽植。

芭蕉

多年生常绿草本植物。果实是优良的
水果。叶不仅可作为造纸原料，还可入药，
具有广谱抗菌抗病毒的功效，对呼吸系统
疾病有一定的防治作用。根能止渴、清热、
利尿、解毒，可用于治疗水肿、脚气、血淋、
血崩、痈肿、疔疮及消渴症、感冒、胃痛
及腹痛等。

【别称】芭蕉头、大叶芭蕉、大头芭蕉、
芭蕉根、芭苴、板蕉等。

【分类】 芭蕉科 芭蕉属。

【形态特征】 直立茎，高达3—4米，
不分枝。叶长椭圆形，长2—3米，宽25—30厘米，主脉粗大，侧出平行脉。花序顶生，下垂；雄花生
于花序上部，雌花生于花序下部。浆果三棱状，长圆形，长5—7厘米，具3—5棱，肉质，内具多数种子。
种子黑色，具疣突及不规则棱角，宽6—8毫米。

【辨识要点】 大型长椭圆形叶，侧出平行脉。与香蕉的区别在于芭蕉的果实要短小一些，外观稍微
呈直线条，略粗壮，果柄较香蕉长，果皮上仅有3个棱。

【分布范围】 常生长在河谷、村边及山坡林缘。多产于亚热带地区，中国分布于台湾以及华南、华东、
华中等地，武汉主要见于庭院和公园栽种。

虎耳草

多年生草本植物。全草可入药，有清热祛风、凉血解毒的功效，可用于治疗中耳炎、风疹、湿疹、

咳嗽吐血、崩漏等。

【别称】 老虎耳、耳朵草、石荷叶、
金线吊芙蓉、金丝荷叶等。

【分类】 虎耳草科 虎耳草属。

【形态特征】 茎匍匐，被长腺毛。基
生叶具长柄，叶片扁圆状心形或肾形，长
1.5—7.5 厘米，宽 2—12 厘米；茎生叶披针
形，长约 6 毫米，宽约 2 毫米。圆锥状聚
伞花序，长 7.3—26 厘米，具 7—61 花；花
两侧对称；花瓣白色，5 枚，其中 3 枚较短，

卵形，长 2—4.4 毫米，宽 1.3—2 毫米，中上部具紫红色斑点，基部具黄色斑点。花果期 4—11 月。

【辨识要点】 茎匍匐，基生叶的叶片扁圆状心形或肾形。

【分布范围】 多生于林下、灌丛、草甸等阴湿处。中国主要分布于华中、华南、华东等地。武汉常
见于公园、绿地栽种。

酸浆

多年生草本植物。果实可作果蔬食用，营养较丰富。全株可配制杀虫剂。酸浆可入药，有利尿、降压、
清热、解毒、强心、抑菌等功效，可用于治疗咽痛、热咳、音哑、急性扁桃体炎、水肿、小便不利和再
生障碍性贫血等；外敷可消炎。

【别称】 挂金灯、酸泡、红姑娘、灯笼草、灯笼果、洛神珠、泡泡草、鬼灯、菇蔫儿、姑娘儿等。

【分类】 茄科 酸浆属。

【形态特征】 地上茎直立，茎高 40—80 厘米，节膨大，幼茎被柔毛。叶互生，卵形或长椭圆形，长 5—
15 厘米，宽 2—8 厘米，叶缘有波状粗齿缺刻；每节生有 1—2 片叶。花单生于叶腋内，每株 5—10 朵；
花冠白色或浅黄色，辐射状。浆果包裹于萼片内，橙红色，直径 1—1.5 厘米。种子淡黄色，肾形，长约
2 毫米。

【辨识要点】 叶互生，卵形或长椭圆形，叶缘有波状粗齿缺刻。萼片包裹浆果，呈灯笼状。

【分布范围】 喜阳光充足、凉爽、湿润的环境，耐寒，耐热。原产中国，全国各地均有分布，武汉常见于路边空地及野外。

风信子

多年生草本植物。花观赏性强，气味芬芳，有稳定情绪、消除疲劳的作用。可提取芳香油。球茎有毒，误食后会引起胃痉挛、头晕、腹泻等。

【别称】 洋水仙、五色水仙等。

【分类】 天门冬科 风信子属。

【形态特征】 鳞茎球形或扁球形，有膜质外皮，呈紫蓝色或白色等。叶肉质，基生，近剑形或狭披针形，4—9 枚。总状花序，花茎中空、肉质；小花 10—20 朵密生上部，花被筒形，花冠漏斗形，花色有红色、粉红色、绯红色、黄色、紫色、蓝色、白色、鹅黄色等。花期早春，自然花期 3—4 月。

【辨识要点】 鳞茎球形或扁球形，有膜质外皮。花冠漏斗形，小花 10—20 朵密生上部，气味芬芳馥郁。

【分布范围】 原产欧洲南部，现世界各地都有栽培。武汉常见于温室栽培或家庭栽种。

香附子

多年生草本植物。块茎可入药，除作为健胃药外，还可用于治疗胸胁胀痛、脾胃气滞、胀满疼痛、疝气疼痛、肝郁气滞、乳房胀痛，月经不调、经闭痛经等。

【别称】 莎草、雷公头等。

【分类】 莎草科 莎草属。

【形态特征】 根状茎匍匐，具椭圆形块茎。直立茎细弱，高 15—95 厘米，三棱形。叶多下部生，线形，宽 2—5 毫米。穗状花序疏松，陀螺形生长；小穗线形，长 1—3 厘米，宽约 1.5 毫米，具 8—28 朵花。坚果长椭圆状倒卵形，三棱形。花果期 5—11 月。

【辨识要点】 茎三棱形。小穗线形，呈三叉状。

【分布范围】 广布于世界各地。武汉生长于山坡荒地草丛中或水边潮湿处。

马蹄金

多年生匍匐小草本植物。马蹄金多用作人工栽种草坪，还可作为民间药材。

【别称】 小金钱草、荷苞草、肉馄饨草、金锁匙、铜钱草、小马蹄金、黄疸草等。

【分类】 旋花科 马蹄金属。

【形态特征】 茎细长匍匐，节上有气生根。叶圆形或肾形，直径 4—25 毫米，全缘。花单生叶腋，花冠钟状，黄色，深 5 裂。蒴果近球形，直径约 1.5 毫米。种子黄色至褐色。

【辨识要点】 叶圆形或肾形，类马蹄形。

【分布范围】 多生于山坡草地，路旁或沟边。广布于两半球热带亚热带地区。中国长江以南各省均有分布。武汉主要用于公园、机关、庭院绿地等栽培观赏，也用于沟坡、堤坡、路边等固土材料。

鱼腥草

多年生草本植物。全株有腥臭味，根可食用。鱼腥草可入药，有健胃、抗菌、抗病毒、提高机体免疫力、消痈排脓、清热解毒、利尿通淋的功效，可用于治疗肺炎、肺痈吐脓、痰热喘咳、疟疾、水肿、痔疮、脱肛、淋病、湿疹、秃疮、痈肿疮毒等。

【别名】 折耳根、紫背鱼腥草、狗腥草、狗点耳、岑草、蕺、紫蕺、菹菜、野花麦、臭腥草等。

【分类】 三白草科 蕺菜属。

【形态特征】 茎常呈紫红色，下部匍匐，上部直立，株高 30—60 厘米，节上有气生根。叶互生，阔卵形或卵形，长 4—10 厘米，宽 2.5—6 厘米，基部内陷呈心形，全缘，纸质，具腺点。穗状花序，长约 2 厘米，总苞片长圆形或倒卵形，4 片，白色，长 1—1.5 厘米；花小，黄色。蒴果近球形，直径 2—3 毫米，花柱宿存。种子卵形。花期 4—8 月，果期 6—10 月。

【辨识要点】 叶互生，阔卵形或卵形，基部内陷呈心形，全缘，纸质，具腺点。穗状花序，长约 2 厘米，总苞片花瓣状，4 片，白色。

【分布范围】 喜温暖、潮湿的环境，耐寒，忌干旱和强光，多生于阴湿处，大片丛生。中国南方各地较常见，武汉常见于零星种植和野地路边。

鹤望兰

多年生草本植物。鹤望兰是一种赏花植物，可做切花。

【别称】 天堂鸟、极乐鸟等。

【分类】 鹤望兰科 鹤望兰属。

【形态特征】 无茎。叶片长椭圆状披针形，长25—45厘米，宽约10厘米；叶柄细长。具佛焰苞片，长达20厘米，中间为绿色，两侧紫红；总花梗上生花数朵；佛焰苞舟状，花瓣箭形，长7.5—10厘米，暗蓝色；萼片披针形，和花瓣近等长，橙黄色。花期在冬季。

【辨识要点】 佛焰苞舟状，花瓣箭形，颜色鲜艳。

【分布范围】 原产非洲南部。中国南方多见于公园、花圃栽培，可种植于院角，用于庭院造景和花坛、花境的点缀，北方多为温室栽培，武汉多见于家庭插花和温室栽种。

剑麻

多年生植物。所含纤维质地坚韧，耐盐碱、耐磨、耐腐蚀，广泛运用在渔业、运输、冶金、石油等各种行业，具有重要的经济价值。剑麻还有重要的药用价值。

【别称】 菠萝麻等。

【分类】 天门冬科 龙舌兰属。

【形态特征】茎短粗。叶硬直，剑形，较厚，新生叶被白霜，成熟后渐脱落，叶片呈深蓝绿色，通常长1—1.5米，最长可达2米，中部最宽10—15厘米，表面凹，背面凸，叶缘无刺或偶具刺，顶端有1硬尖刺，刺红褐色，长2—3厘米。圆锥花序，高可达6米；花黄绿色，有浓烈的气味；花被裂片卵状披针形，长1.2—2厘米，基部宽0.6—0.8厘米。蒴果长圆形，长约6厘米，宽2—2.5厘米。

【辨识要点】 叶硬直，剑形，较厚，最长可达2米。

【分布范围】喜高温、多湿和雨量均匀的高坡环境，耐寒力较低，易发生生理性叶斑病。原产墨西哥，中国华南及西南各省区引种栽培，武汉多见于庭院、公园、校园等绿化栽种。

木 本 植 物

阔叶十大功劳

常绿灌木或小乔木。叶形奇特,常用作园林绿化和家庭盆栽。全株可入药,有抑菌、清热解毒、止咳化痰、消肿、止泻的功效,可用于治疗细菌性痢疾、支气管炎、肺结核、咽喉肿痛、传染性肝炎、胃肠炎、结膜炎、烧伤、烫伤等。

【别称】 猫儿刺、猫刺叶、刺黄柏、土黄柏、黄天竹、土黄连、八角刺、刺黄芩等。

【分类】 小檗科 十大功劳属。

【形态特征】 茎直立,株高可达2米。羽状复叶,长10—28厘米,宽8—18厘米;小叶对生,2—5对,卵状披针形,叶缘两边具5—10锐齿,老叶稍革质,有光泽。总状花序簇生,花瓣椭圆状倒卵形,长6—7毫米,宽3—4毫米。浆果深蓝色,卵形,长约1.5厘米,直径1—1.2厘米。花期9月至次年1月,果期3—5月。

【辨识要点】 羽状复叶,小叶对生,卵状披针形,叶缘两边具锐齿,老叶稍革质,有光泽。浆果深蓝色,卵形。

【分布范围】喜温,耐寒,不耐热。主要分布于中国西南、华中、华东等地,美国、日本、印度尼西亚等国也有栽培,武汉常见于庭院和绿篱栽种。

南天竹

常绿小灌木。根、茎、果可入药,有通经活络、清热除湿、止咳平喘的功效,可治疗腰肌劳损、腹泻、食积、尿血、湿热黄疸、胃肠炎、尿路感染、咳嗽、哮喘、百日咳等。

【别称】 南天竺、天烛子、红枸子、红杷子、钻石黄、天竹等。

【分类】 小檗科 南天竹属。

【形态特征】 茎直立，丛生，少分枝，株高1—3米。叶互生，集生于茎上部，三回羽状复叶，长30—50厘米；二至三回小叶对生，奇数；小叶长椭圆形或椭圆状披针形，长2—10厘米，宽0.5—2厘米，全缘，强光下叶色变红，冬季变为红色至红褐色，薄革质。圆锥花序直立，长20—35厘米；花小，白色，花瓣长椭圆形，长约4.2毫米，宽约2.5毫米。浆果球形，直径5—8毫米，成熟后为鲜红色，有光泽。种子扁圆形。花期3—6月，果期5—11月。

【辨识要点】 三回羽状复叶，小叶长椭圆形或椭圆状披针形。浆果球形，成熟后鲜红色，有光泽。

【分布范围】 喜温暖、湿润的环境，较耐阴，耐寒。主要分布于中国长江流域及华东、华南、西南等地，印度、日本也有种植，武汉常见于庭院、园林、绿篱栽种。

狭叶十大功劳

常绿灌木。多作园林绿篱栽种，对二氧化硫有抗性。根、茎可入药，有消肿止痛、清热解毒的功效，可用于治疗细菌性痢疾、支气管炎、急慢性肝炎和目赤肿痛。叶有清凉、滋补、强壮的作用，不上火，能治感冒和肺结核。

【别称】 黄天竹、土黄柏、刺黄芩、刺黄檗、刺黄柏、黄尺竹、老鼠刺、小黄连等。

【分类】 小檗科 十大功劳属。

【形态特征】 茎直立，少分枝，株高可达2米。奇数羽状复叶，整体轮廓长12—23厘米，宽1.2—2.1厘米；小叶5—9枚，披针形或长椭圆形，长8—12厘米，宽1.2—1.9厘米，叶缘有锐齿状缺刻，革质。

总状花序顶生或腋生，花序长3—5厘米。花黄色，花瓣6，含在萼片的里面; 无花梗。浆果近球形，直径0.4—
0.5厘米，蓝黑色。花期7—9月，果熟9—11月。

【辨识要点】 奇数羽状复叶，小叶5—9枚，披针形或长椭圆形，叶缘有锐齿状缺刻，革质。

【分布范围】 喜温暖、湿润的环境，耐阴，较耐寒。主要分布于中国华南、华中、华东等地，武汉
多见于公共区域绿化或绿篱，也有野生。

红花檵木

常绿灌木或小乔木，檵木的变种。主要用于园林绿化。根、叶、花、果均可入药，有通经活络、解
热止血的功效。

【别称】 红檵木、红檵花、红桎木、红花桎木等。

【分类】 金缕梅科 檵木属。

【形态特征】 茎直立，株高1—4米，多分枝，嫩枝密被星状毛，红褐色。叶互生，革质，幼叶淡红色，
老叶红褐色或绿色，近长椭圆形或卵形，
长2—5厘米，宽1.5—2.5厘米，全缘。花3—
8朵簇生于总花梗顶端，头状花序，每朵花
有花瓣4片，带状线形，长2厘米或更长，
先端截形或钝圆，红色。蒴果木质，种子
长卵形。春秋两季开花，4—5月花多，9—
10月少量开花。

【辨识要点】 叶互生，革质，幼叶淡
红色，老叶红褐色或绿色，花簇生于总花
梗顶端，每朵花有花瓣4片，带状线形，

红色。与檵木的最大区别在叶、花均为红色。

　　【分布范围】 喜光，稍耐阴。主要分布于中国长江中下游及以南地区，印度北部也有分布。武汉广泛用于色篱、花坛、桩景造型、灌木球、盆景等城市绿化美化。

檵木

　　常绿灌木或小乔木。檵木主要用于园林绿化，也可供药用，根及叶可用于治疗跌打损伤，有去瘀生新的功效，叶还用于止血。

　　【别称】 白花檵木、白彩木、继木、大叶檵木等。

　　【分类】 金缕梅科 檵木属。

　　【形态特征】 茎直立，株高 1—4 米，多分枝。叶互生，革质，近长椭圆形或卵形，长 2—5 厘米，宽 1.5—2.5 厘米，全缘。花 3—8 朵簇生于总花梗顶端，每朵花有花瓣 4 片，带状线形，长 1—2 厘米，先端截形或钝圆，白色。蒴果卵圆形，长 7—8 毫米，宽 6—7 毫米。种子圆卵形，长 4—5 毫米，黑色，有光泽。花期 3—4 月。

　　【辨识要点】 叶互生，革质，近长椭圆形或卵形。花簇生于总花梗顶端，每朵花有花瓣 4 片，带状线形，白色。

　　【分布范围】 喜温暖、光照充足的环境，耐寒、耐旱、稍耐阴。分布于中国华中、华南及西南各地，以及印度、日本。武汉主要用于园林绿化、绿篱。

棣棠

　　落叶灌木。除供观赏外，还可入药，有止痛、止咳、消肿、利尿、助消化等功效，可用于治疗久咳、热毒疮、水肿、风湿关节炎等。

　　【别称】 土黄条、鸡蛋黄花等。

　　【分类】 蔷薇科 棣棠花属。

　　【形态特征】 株高 1—2 米，稀达 3 米。叶互生，三角状卵形或卵圆形，顶端长渐尖，叶缘有锐锯齿状缺刻，长 3—6 厘米，宽 1.5—3 厘米。花单生，直径 2.5—6 厘米；花瓣黄色，阔椭圆形，顶端内凹。瘦果黑褐色或褐色，半球形至倒卵形，有皱褶。花期 4—6 月，果期 6—8 月。

　　【辨识要点】 茎节走向多少呈"之"字。

叶互生，三角状卵形或卵圆形，顶端长渐尖，叶缘有锐锯齿状缺刻。花单生，花瓣黄色。

【分布范围】 喜温暖、湿润和半阴的环境，耐寒性较差。原产中国华北至华南，分布华东、华中、西北、西南各地，武汉常见于花篱、花径、墙隅及管道旁栽种，野生多位于水边、溪流及湖沼沿岸或草地山坡。

火棘

常绿灌木。火棘是一种赏花赏果植物，常用作绿篱和园林造景。可滤尘，对二氧化硫具有吸收和抵抗的作用。果实含有丰富的氨基酸、蛋白质、有机酸、维生素和多种矿物质，可鲜食，也可加工成饮料。根、叶、果实均可入药，叶能清热解毒，可用于治疗目赤、痢疾等；外敷可用于治疗疮疡肿毒、便血、外伤出血等。

【别称】 救军粮、红子、火把果等。

【分类】 蔷薇科 火棘属。

【形态特征】 茎直立，多分枝，株高可达3米。叶互生，短枝上呈簇生；叶片倒卵状长椭圆形至倒卵形，长1.5—6厘米，宽0.5—2厘米，先端钝圆或微凹，有时具短尖头，叶缘全缘或有小波状缺刻。复伞房花序；花瓣5片，白色，矩圆形或近圆形。果实近球形，直径约5毫米，深红色或橘红色，有光泽。花期3—5月，果期8—11月。

【辨识要点】 叶片倒卵状长椭圆形至倒卵形，先端钝圆或微凹，有时具短尖头，叶缘全缘或有小波状缺刻。果实近球形，深红色或橘红色，有光泽。

【分布范围】 喜强光，耐旱，耐寒，多生于山坡、灌丛、草地。主要分布于中国西南、西北、华中、华东和西藏等地，武汉主要见于庭院和园林绿化观赏栽种。

金樱子

常绿攀缘灌木。根皮含鞣质可制栲胶。果实可酿酒及制糖。根、叶、果均可入药：根有祛风除湿、活血散瘀、解毒收敛及杀虫等功效；叶外用治烧烫伤和疮疖；果实有涩肠止泻、固精缩尿的功效，可用于治疗遗尿尿频、久泻久痢、崩漏带下、遗精滑精等，对流感病毒也有抑制作用。

【别称】 山石榴等。

【分类】 蔷薇科 蔷薇属。

【形态特征】 攀缘茎，株高可达 5 米。奇数羽状复叶，小叶革质，通常 3，稀 5，长椭圆状卵形或披针状卵形，长 2—6 厘米，宽 1.2—3.5 厘米，先端急尖或圆钝，叶缘有细锯齿状缺刻。花单生于叶腋，直径 5—7 厘米，花瓣 5，白色，宽倒卵形，先端微有内凹，镊合状排列；花蕊黄色，雄蕊多数。果紫褐色，倒卵形，萼片宿存。花期 4—6 月，果期 7—11 月。

【辨识要点】 奇数羽状复叶，小叶革质，通常 3，稀 5。花瓣 5，白色，宽倒卵形，先端微有内凹，镊合状排列；花蕊黄色，雄蕊多数。

【分布范围】 喜向阳、通风的环境，多生于山坡、田边、溪畔、灌丛。主要分布于中国西北、华中、华东、西南等地，武汉常见于田间、山林野生。

蓬蘽

落叶灌木。全株及根入药，有消炎解毒、补肾益精、活血及祛风湿的功效，可用于治疗痈疽、阳痿、不育、须发早白、多尿、缩尿等。

【别称】 陵蘽、阴蘽、覆盆、寒莓、割田藨、寒藨等。

【分类】 蔷薇科 悬钩子属。

【形态特征】 茎直立，株高 1—2 米。奇数羽状复叶，小叶 3—5 枚；小叶长椭圆形或宽卵形，长 3—7 厘米，宽 2—3.5 厘米，叶缘具不整齐尖锯齿状缺刻。花单生，顶生或腋生，直径 3—4 厘米；花瓣 5，分离，倒阔卵形或近圆形，白色。果实近球形，直径 1—2 厘米。花期 4 月，果期 5—6 月。

【辨识要点】 奇数羽状复叶，小叶 3—5 枚；小叶长椭圆形或宽卵形，叶缘具不整齐尖锯齿状缺刻。花单生，花瓣 5，分离，

倒阔卵形或近圆形，白色。

【分布范围】 生长于山坡路旁阴湿处或灌丛中。中国华中、华东、华南地区及山东、台湾均有分布，日本、朝鲜也有分布。武汉多见于山坡野地杂生。

连翘

落叶灌木。先叶开花，有芳香，是优良的园林植物和早春观花植物。种子可制油和皂；提取物有较好的抑菌作用，可作天然防腐剂，有消肿、散结、清热、解毒的功效，可用于治疗痈疡肿毒、斑疹、温热、小便淋闭等。

【别称】 黄花条、落翘、青翘、连壳、黄奇丹等。

【分类】 木樨科 连翘属。

【形态特征】 茎柔弱，多下垂。单叶或三出复叶，叶片长椭圆形或椭圆状卵形，长2—10厘米，宽1.5—5厘米，叶缘除基部外具锯齿状小缺刻。花单生或数朵簇生于叶腋；花萼绿色，裂片长椭圆形，长5—7毫米；花冠黄色，上部裂片4，长椭圆形或倒卵状长椭圆形，长1.2—2厘米，宽6—10毫米，下部连合。果长椭圆形或卵状椭圆形，长1.2—2.5厘米，宽0.6—1.2厘米。花期3—4月，果期7—9月。

【辨识要点】 花单生或数朵簇生于叶腋；花冠黄色，上部裂片4，下部连合。

【分布范围】 喜光，喜温暖、湿润的环境，耐寒，多生于林下草丛或山坡灌丛中。主要分布于中国东北、西北、华中、西南等地，日本有栽培。武汉常见于庭院和绿篱栽种。

金森女贞

常绿灌木或小乔木。枝叶茂盛，对不良环境有较强抗性，常用作绿篱。

【别称】 哈娃蒂女贞。

【分类】 木樨科 女贞属。

【形态特征】 株高1.2米以下。叶对生，单叶革质、卵形、有厚实感。春季新叶黄绿色。圆锥状花序，花白色。果实椭圆形，紫黑色。花期6—7月，果期10—11月。

【辨识要点】 常绿灌木。叶革质、卵形、有厚实感。圆锥状花序，花白色。

【分布范围】 喜光，稍耐阴、耐寒，

耐旱，适应性强，生长迅速。全国多地有栽培，武汉常见于公园、小区、校园。

小叶女贞

落叶灌木或半常绿灌木。能抵抗多种有毒气体，主要作绿篱栽植，可作盆景。叶可入药，具有清热解毒等功效，树皮入药可治疗烫伤。

【别称】 小叶冬青、小白蜡、楝青、小叶水蜡等。

【分类】 木樨科 女贞属。

【形态特征】 茎直立，株高1—3米。叶互生，椭圆形、阔卵状披针形，长1—4厘米，宽0.5—2厘米，薄革质，有光泽。圆锥花序顶生；花白色，微香，无梗，花冠长4—5毫米，裂片椭圆形或卵形，长1.5—3毫米。果近球形、倒卵形或宽椭球形，紫黑色，长5—9毫米，径4—7毫米。花期5—7月，果期8—11月。

【辨识要点】 与小蜡相似，但叶片更光泽无毛，花期晚于小蜡。分布范围比小蜡广。

【分布范围】 喜光照，稍耐阴，较耐寒，多生于灌丛、山坡、河沟边或路旁。主要分布于中国西北、华北、华东、华中、西南等地区，武汉多用于公共区域绿篱种植。

牡荆

落叶灌木或小乔木。新鲜叶可入药，有止痛除菌、除湿杀虫、祛风解表的功效，可用于治疗痈肿、痢疾、腹痛吐泻、风湿痛、足癣、风寒感冒、痧气等。

【分类】 唇形科 牡荆属。

【形态特征】 茎直立。叶对生，掌状复叶，小叶5，少有3，长椭圆形或披针形，先端渐尖，叶缘有锯齿状缺刻。复总状花序圆锥状顶生，长10—20厘米；唇形花冠淡紫色；雄蕊伸出花冠管外。果实黑色，近球形。花期6—7月，果期8—11月。

【辨识要点】 掌状复叶对生，小叶5，少有3，长椭圆形或披针形。复总状花序圆锥状顶生，唇形花冠淡紫色。

【分布范围】 喜光，耐寒，多生于山坡灌丛、山脚、路旁等向阳干燥的地方。主要分布于中国华东、华中、西南等地，日本也有分布。武汉多见于山坡野外杂生。

五色梅

常绿灌木。庭院栽种赏花植物，几乎全年可开花。全株可入药，有祛风止痒、散结止痛、清热解毒的功效。

【别称】 马缨丹、山大丹、如意草、五彩花、五雷丹、五色绣球、臭金凤、绵鼻公花等。

【分类】 马鞭草科 马缨丹属。

【形态特征】 茎直立或半蔓性，高1—2米。叶对生，卵状长椭圆形，长3—8.5厘米，宽1.5—5厘米，叶面粗糙有毛，揉烂后有强烈气味。头状花序密集，腋生，直径多1.5—2.5厘米，也可达4—5厘米，每个花序有花20多朵；花小，花冠筒细长，约1厘米，直径4—6毫米，黄色或橙黄色，开花后转为红色至深红色，顶端多5裂，形似梅花。果圆球形，直径约4毫米，紫黑色。全年开花。

【辨识要点】 头状花序密集，花小，花冠筒细长，黄色或橙黄色，开花后转为红色至深红色，顶端多5裂，形似梅花。

【分布范围】 喜光照充足、温暖、湿润的环境，耐干旱，不耐寒。原美洲热带地区。中国华南各省均有栽培，且逸为野生，武汉常见于庭院、小区、公园绿化栽种。

金铃花

常绿灌木。花形美丽独特，是一种赏花观赏植物。叶和花可入药，有舒筋通络、活血化瘀的功效，可用于治疗跌打损伤。

【别称】 灯笼花、红脉商麻、网花苘麻等。

【分类】 锦葵科 苘麻属。

【形态特征】 茎直立，高可达1米。叶掌状深裂3—5，直径5—8厘米，裂片长椭圆形或卵形，先端长渐尖，叶缘具锯齿状小缺刻。花单生于叶腋，花梗下垂，长7—10厘米；花萼钟形，长约2厘米，裂片5，卵状披针形；花钟形，花瓣5，倒卵形，长

3—5 厘米，橙黄色，具鲜艳的紫红色条纹，花蕊和花柱伸出花冠之外。果未见。花期 5—10 月。

【辨识要点】 花钟形，花瓣 5，倒卵形，橙黄色，具鲜艳的紫红色条纹，花蕊和花柱伸出花冠之外。

【分布范围】 喜温暖、湿润的环境，不耐寒。原产南美洲的巴西、乌拉圭等国家。中国辽宁、北京、江苏、浙江、福建、湖北等地均有栽培，武汉常见于公园或家庭观赏栽培。

木芙蓉

落叶灌木或小乔木。花可食用，茎皮可用作纺织、造纸等。花、叶均可入药，有凉血止血、清热解毒、消肿排脓的功效，可用于治疗月经过多、白带异常、肺热咳嗽等，外用治痈肿疮疖、淋巴结炎、毒蛇咬伤、腮腺炎、乳腺炎、烧烫伤、跌打损伤等。

【别称】 地芙蓉、芙蓉花、拒霜花、木莲、华木等。

【分类】 锦葵科 木槿属。

【形态特征】 茎直立，株高 2—5 米。

叶阔卵形或心形，直径 10—15 厘米，掌状深裂 5—7，叶缘具圆齿状缺刻；叶柄长 5—20 厘米。花单生，直径约 8 厘米；花瓣倒卵圆形或近圆形，直径 4—5 厘米，白色或淡红色至深红色。蒴果扁球形，直径约 2.5 厘米。种子肾形。花期 8—10 月。

【辨识要点】 叶阔卵形或心形，掌状深裂 5—7，叶缘具圆齿状缺刻；花瓣倒卵圆形或近圆形，直径 4—5 厘米，白色或淡红色至深红色。

【分布范围】 喜温暖、湿润、光照充足的环境，稍耐阴，不耐寒。原产中国湖南，日本和东南亚各国也有栽培。中国东北、西北、华东、华中、西南等地区均有栽培，武汉常见于公园、小区、庭院绿植。

粉紫重瓣木槿

落叶灌木。粉紫重瓣木槿是一种常见庭园赏花灌木。花可食，花汁有止渴、醒脑的作用。根、叶、花、果和皮均可药，有抑菌、防治病毒性疾病和降低胆固醇的功效，可用于治疗肠风泻血、痢疾、脱肛、反胃、吐血、痄腮、白带过多等，外敷可治疗疮疖肿。

【别称】 荆条、朝开暮落花、木棉、喇叭花等。

【分类】 锦葵科 木槿属。

【形态特征】 茎直立，株高 3—4 米。叶三角状卵形或菱形，长 3—10 厘米，宽 2—4 厘米，具 3 裂或不裂，叶缘具波状缺刻。花单生；花萼钟形，长 1.4—2 厘米，裂片 5，三角形；花形呈钟状，花型有单瓣、重瓣、复瓣等，直径5—6厘米，花瓣倒卵形，长3.5—4.5厘米，有淡粉红色、淡紫色、紫红色、纯白色等。蒴果卵圆形，直径约1.2厘米。种子肾形，黑褐色。花期7—10月。

【辨识要点】 叶三角状卵形或菱形，有裂。花单生，花瓣倒卵形，花型有单瓣、重瓣、复瓣等。

【分布范围】 木槿对环境的适应性很强，较耐干燥和贫瘠，对土壤要求不严格，尤喜光照充足、温暖湿润的环境，稍耐阴。原产中国，主要分布于热带和亚热带地区。我国中部各地均有栽培，武汉主要见于公园、小区、庭院绿植或作为绿篱。

朱槿

常绿灌木，赏花植物。根、叶、花均可入药，有解毒消肿、清热利水的功效。

【别称】 扶桑、状元红、赤槿、佛桑、桑槿、红木槿、大红花等。

【分类】 锦葵科 木槿属。

【形态特征】 茎直立，株高1—3米。叶互生，阔卵形或狭卵形，长4—9厘米，宽2—5厘米，叶缘具齿状缺刻，稍具光泽。花单生茎上部叶腋间，常下垂；花冠漏斗形，直径6—10厘米；花瓣5，倒卵形，有鲜红色、玫瑰红色或淡红色、淡黄色等。蒴果卵形，长约2.5厘米。花期全年。

【辨识要点】 叶互生，阔卵形或狭卵形。花冠漏斗形，花瓣5，花蕊束较长，伸出花冠平面。

【分布范围】 喜光照充足、温暖、湿润的环境，不耐阴，不耐寒。原产于中国南部，现热带、亚热带地区均有栽培。中国主要分布于华南、西南、华中等地区，武汉常见于庭院、公园和园林栽种。

八角金盘

常绿灌木或小乔木，赏叶植物。可吸收有害气体，绿化室内空气。可入药，有散风除湿、止咳化痰、化瘀止痛的功效，主要用于治疗风湿痹痛、咳嗽痰多、跌打损伤、痛风等。

【别称】 八金盘、金刚纂、八手、手树等。

【分类】 五加科 八角金盘属。

【形态特征】 茎直立，株高可达 5 米。茎光滑无刺。掌状复叶，叶片革质，轮廓近圆形，直径 12—30 厘米，掌状深裂 7—9，裂片长椭圆形或长椭圆状卵形，叶缘有稀疏的粗锯齿状缺刻；叶柄长 10—30 厘米。伞形花序在总花轴上总状排列成圆锥状，顶生，总花序轴长 20—40 厘米，直径 3—5 厘米；花瓣 5，阔卵状三角形，淡黄色，长 2.5—3 毫米。果近球形，黑色，直径 5 毫米。花期 10—11 月，果熟期次年 4 月。

【辨识要点】 掌状复叶，大型，叶片革质，轮廓近圆形，掌状深裂 7—9，裂片长椭圆形或长椭圆状卵形，叶缘有稀疏的粗锯齿状缺刻。

【分布范围】 喜温暖、湿润的环境，耐阴，较耐寒，不耐干旱。原产于日本南部，中国华北、华东及云南等地均有分布。武汉主要用于绿化，多见于道路中央花坛和绿篱栽种。

鹅掌藤

常绿藤状灌木。常见的园艺观叶植物，经改良后有斑叶鹅掌藤，高可达十余尺，故可当庭院树，虽是阳性植物，但因适阴性强，所以被推广为盆栽使用。鹅掌藤有行气止痛、活血消肿、辛香走窜、温通血脉的功效。可用于治疗风湿性关节炎、骨痛骨折、扭伤挫伤以及腰腿痛、胃痛和瘫痪等。

【别称】 鸭掌木、鹅掌柴、七叶莲、七叶藤、七加皮、汉桃叶、狗脚蹄等。

【分类】 五加科 鹅掌柴属。

【形态特征】 株高 2—3 米；小枝有不规则纵皱纹，无毛。掌状复叶，小叶 7—9，稀 5—6 或 10；叶柄纤细，长 12—18 厘米，无毛；小叶片革质，长圆形或倒卵状长圆形，长 6—10 厘米，宽 1.5—3.5 厘米，先端急尖或钝形，稀短渐尖，基部渐狭或钝形，上面深绿色，有光泽，下面灰绿色，两面均无毛，叶缘全缘。圆锥花序顶生，长 20 厘米以下，主轴和分枝幼时密生星状绒毛，后渐脱净；伞形花序十几个至几十个总状排列在分枝上，有花 3—10 朵；花白色，花瓣 5—6 片，长约 3 毫米；萼长约 1 毫米，边缘全缘，无毛。果实卵形，有 5 棱，连花盘长 4—5 毫米，直径 4 毫米；花盘五角形，长约为果实的 1/4—1/3。花期 7—10 月，果期 9—11 月。

【辨识要点】 掌状复叶，小叶 7—9，稀 5—6 或 10，革质，长圆形或倒卵状长圆形；小叶柄纤细。

【分布范围】 喜温暖、湿润的环境，耐阴，耐寒，不耐干旱。生于谷地密林下或溪边较湿润处，常附生于树上，产于中国台湾、广西及广东地区，现各省广泛栽培，尤其是园林栽培。武汉常见于室内园林栽培，也有室外生长，主要用作观赏园林。

散尾葵

常绿丛生灌木或小乔木。散尾葵除常作为室内观赏性盆栽外，还可供药用，对咯血、便血、崩漏等有一定的治疗效果。

【别称】 黄椰子、凤凰尾等。

【分类】 棕榈科 金果椰属。

【形态特征】茎直立，株高2—5米，茎干光滑，黄绿色。羽状复叶，整体轮廓长椭圆形，长约1.5米，羽片40—60对，披针形，长35—50厘米，宽1.2—2厘米，先端渐尖呈长尾状。圆锥状花序腋生，长约80厘米，具2—3次分枝；花金黄色，卵球形，螺旋状着生于小穗轴上。果实倒卵形或近陀螺形，长1.5—1.8厘米，直径0.8—1厘米，紫黑色。种子近倒卵形。花期5月，果期8月。

【辨识要点】 羽状复叶大型，整体轮廓长椭圆形，羽片40—60对，披针形，先端渐尖呈长尾状。

【分布范围】 喜温暖、湿润、半阴且通风良好的环境，不耐寒。原产马达加斯加，现引种于中国南方各省。中国华南地区和西南地区均适宜生长，武汉多见于盆栽，用于室内绿化。

袖珍椰子

常绿灌木，主要用途是制作盆景。

【别称】 矮生椰子、袖珍椰子葵、客厅棕、秀丽竹节椰、袖珍棕、矮棕等。

【分类】 棕榈科 竹节椰属。

【形态特征】 茎直立，不分枝，高度一般不超过1米。大型偶数羽状复叶，顶生；小叶披针形，长14—22厘米，宽2—3厘米，互生，近革质，有光泽。肉穗花序腋生，花黄色，呈小球状。浆果橙黄色。花期春季。

【辨识要点】 大型偶数羽状复叶，顶生；小叶披针形，近革质，有光泽。

【分布范围】喜温暖、湿润、半阴环境，原产墨西哥北部、危地马拉。中国南部及台湾地区均有栽培，武汉主要为室内盆栽，用作盆景。

棕竹

　　常绿丛生灌木。常见观叶植物。叶、根可入药，有收敛止血、祛风除湿的功效，可用于治疗咯血、吐血、鼻衄、产后出血过多、跌打损伤、风湿痹痛等。

　　【别称】　棕榈竹、虎散观音竹、筋头竹等。

　　【分类】　棕榈科　棕竹属。

　　【形态特征】茎直立，株高2—3米，直径1.5—3厘米，不分枝。叶生茎顶，外轮廓近钝扇形，掌状不均等深裂，裂片4—10，长20—32厘米，宽1.5—5厘米，宽线形或线状椭圆形，裂片边缘具锐齿状缺刻，基部连合；叶柄细长，8—20厘米；叶鞘分解成淡黑色马尾状粗硬的网状纤维。雌雄异株，肉穗花序腋生，长约30厘米，总花序梗及分枝花序基部均具佛焰苞；花小，色淡黄，螺旋状着生于小花枝上；雄花在开花时为棍棒状长圆形，长5—6毫米；雌花短而粗，长4毫米。果实球状倒卵形，直径0.8—1厘米。种子球形。花期6—7月，果期9—11月。

　　【辨识要点】叶外轮廓近钝扇形，掌状不均等深裂，裂片4—10，长20—32厘米，宽1.5—5

厘米，宽线形或线状椭圆形，裂片边缘具锐齿状缺刻，基部连合。

【分布范围】 喜温暖湿润、通风良好、半阴环境，不耐涝，耐阴，惧暴晒，稍耐寒。常见于沟旁、山坡等荫蔽潮湿的灌木丛中。主要分布于东南亚，中国南部至西南部，日本亦有分布。武汉常见于公共区域绿植和室内盆栽。

夹竹桃

常绿灌木。常见赏叶观花植物。茎皮纤维可作为纺织原料；种子可榨油。叶、树皮、根、花、种子均有毒，误食能致死。叶、茎皮可提制强心剂，但有毒，用时需谨慎。夹竹桃有强心、利尿、镇痛、祛痰、定喘的功效，可用于治疗喘息咳嗽、心力衰竭、经闭、跌打损伤、癫痫、斑秃等。

【别称】 洋桃、红花夹竹桃、柳叶桃树、叫出冬、柳叶树、洋桃梅、枸那等。

【分类】 夹竹桃科 夹竹桃属。

【形态特征】 茎直立，高达6米，枝条灰绿色。叶3—4枚轮生，下枝为对生，稍革质，窄长椭圆形或披针形，长11—15厘米，宽2—2.5厘米，叶面深绿，叶背浅绿，叶缘全缘。聚伞花序顶生，花冠白色、深红色或粉红色、黄色，花冠为单瓣呈5裂时，裂片倒卵形，长1.5厘米，宽1厘米；蓇葖果长圆形，长10—23厘米，直径6—10毫米。种子长圆形。几乎全年开花，夏秋最盛。一般在冬春结果。

【辨识要点】 叶3—4枚轮生，稍革质，窄长椭圆形或披针形。花冠白色、深红色或粉红色、黄色。

【分布范围】 喜温暖、湿润的环境，不耐寒。原产印度、尼泊尔和伊朗，中国各省区有栽培，尤以南方居多，武汉多见于公园、庭院、小区绿化栽种。

长春花

半灌木。全草可入药，有凉血降压、止痛、消炎、安眠、通便、利尿及镇静安神的作用，可用于治疗高血压、火烫伤、单核细胞性白血病、恶性淋巴瘤、绒毛膜上皮癌等。

【别称】 金盏草、雁来红、四时春、日日新、三万花、日日草、时钟花等。

【分类】 夹竹桃科 长春花属。

【形态特征】 茎直立，略有分枝，株高可达60厘米。叶对生，长椭圆形或倒卵状长椭圆形，长3—4厘米，宽1.5—2.5厘米，具光泽。聚伞花序顶生或腋生，具花2—3朵；花冠高脚碟状，长约2.6厘米；花冠裂片5，粉红色至紫红色，倒阔卵形，长和宽约1.5厘米。蓇葖果双生，长约2.5厘米，直径3毫米。种子黑色，长圆筒形。花期、果期几乎全年。

【辨识要点】 叶对生，长椭圆形或倒卵状长椭圆形。花冠高脚碟状，裂片5，粉红色至紫红色。

【分布范围】 喜高温、高湿环境，耐半阴，不耐寒。原产地中海沿岸、印度、热带美洲。中国主要在长江以南地区栽培，武汉常见于庭院和绿化盆栽。

一品红

落叶灌木。有微毒。可入药，有接骨、消肿、调经止血的功效，可用于治疗跌打损伤、骨折、外伤出血、月经过多等。

【别称】 鸿运当头、象牙红、老来娇、猩猩木等。

【分类】 大戟科 大戟属。

【形态特征】 茎直立，株高 1—3 米。叶互生，长椭圆形或椭圆状披针形，长 6—25 厘米，宽 4—10 厘米，叶缘全缘或有波状浅裂。苞叶 5—7 枚，长椭圆形，长 3—7

厘米，宽 1—2 厘米，通常全缘，叶缘偶见浅波状分裂，鲜红色至朱红色，生于花序下方，形似花瓣。聚伞花序顶生；花不大，雄花多数，雌花 1 枚，常伸出总苞之外。蒴果，三棱状圆形，长 1.5—2.0 厘米。种子卵状，长约 1 厘米，直径 0.8—0.9 厘米。花果期 10 月至次年 4 月。

【辨识要点】 苞叶 5—7 枚，长椭圆形，鲜红色至朱红色，生于花序下方，形似花瓣。

【分布范围】 喜光照充足、温暖的环境，原产中美洲，广泛栽培于热带和亚热带。中国绝大部分地区均有栽培，常见于公园、植物园及温室中供观赏。武汉多为温室或苗圃栽培，用于室内外装饰或活动会场点缀。

三角梅

常绿藤状灌木。赏花植物。叶、花可入药：叶捣烂外敷，有散淤消肿的功效；花有除湿止带、调和气血的功效，可用于治疗月经不调、血瘀经闭、赤白带下等。

【别称】 九重葛、光叶子花、叶子花、三角花、叶子梅、毛宝巾、纸花、贺春红等。

【分类】 紫茉莉科 叶子花属。

【形态特征】茎藤本状，易倒伏下垂。叶互生；长椭圆形或卵状椭圆形，长5—13厘米，宽3—6厘米，全缘，纸质或稍革质，有的具光泽。花顶生，通常3朵簇生在苞片内，苞片3枚，叶状阔卵形，长2.5—3.5厘米，宽约2厘米，红色、紫红色或嫣红色；每个苞片上生花一朵，花小，高脚碟形或细长漏斗形，长约2厘米，顶端黄色。瘦果5棱。花期初春至7月。

【辨识要点】花高脚碟形或细长漏斗形，顶生，通常3朵簇生在苞片内，苞片3枚，叶片椭圆形或卵形，红色、紫红色或嫣红色，常被误认为花瓣。

【分布范围】喜光照充足、温暖、湿润的环境，耐高温，不耐寒。原产巴西。中国各地普遍栽培，武汉常见于庭院、园林和家庭绿化观赏栽种。

倒挂金钟

多年生半灌木。花形美丽优雅，赏花植物。

【别称】吊钟花、吊钟海棠、灯笼花等。

【分类】柳叶菜科　倒挂金钟属。

【形态特征】茎直立，多分枝，高50—200厘米。叶对生，长椭圆形或狭卵形，长3—9厘米，宽2.5—5厘米，叶缘具稀疏浅齿状缺刻。花两性，多单生；花梗纤细，下垂，淡绿色或带红色，花管红色，筒状，上部较大，连同花梗疏被短柔毛与腺毛；萼片4，红色，长圆状或三角状披针形，长2—3厘米，宽4—8毫米，先端渐细，花开时反折；花瓣阔倒卵形，有红色、紫红色、粉红色、白色等，排成覆瓦状，花蕊伸出花外。果倒卵状长圆形，紫红色，长约1厘米。花期4—12月。

【辨识要点】花梗纤细，下垂；萼片4，红色，长圆状或三角状披针形，花开时反折；花瓣阔倒卵形，有红色、紫红色、粉红色、白色等，排成覆瓦状，花蕊伸出花外。

【分布范围】 喜凉爽、湿润、阳光充足的环境，忌高温、强光、酷暑闷热及雨淋日晒。原产于中美洲。中国广为栽培，北方多在温室种植。武汉常作为盆栽用以装饰阳台、窗台、书房等，也可吊挂于防盗网、廊架等处观赏。

冬青卫矛

常绿灌木。多作园林绿化、绿篱和观赏用。对多种有毒气体具抗性，能净化空气。根、茎、叶可入药，可用于治疗跌打损伤、骨折、小便淋痛、痛经、月经不调等。

【别称】 大叶黄杨、黄杨、正木、日本卫矛、四季青、苏瑞香、万年青、大叶卫矛等。

【分类】 卫矛科 卫矛属。

【形态特征】 茎直立，多分枝，高可达3米。叶互生，长椭圆形或倒卵形，长3—5厘米，宽2—3厘米，革质，有光泽，叶缘具有浅细钝齿状缺刻。聚伞花序，有花5—12朵，花序梗长2—5厘米；小花梗长3—5毫米；花直径5—7毫米，白色至浅绿色；花瓣近卵圆形，长宽各约2毫米。蒴果近球状，淡红色，直径约8毫米；种子椭圆状，长约6毫米，直径约4毫米。花期6—7月，果熟期9—10月。

【辨识要点】 叶互生，长椭圆形或倒卵形，革质，有光泽，叶缘具有浅细钝齿状缺刻。

【分布范围】 喜温暖、湿润的环境，耐阴。原产日本南部。中国长江流域及其以南各地多有栽培，武汉常见于绿篱。

凤尾兰

常绿灌木。庭院观赏植物。叶纤维强韧、耐湿，常作为缆绳制作的材料。可入药，有止咳平喘的功效，可用于治疗咳嗽、支气管哮喘等。

【别称】 厚叶丝兰、菠萝花、凤尾丝兰等。

【分类】 天门冬科 丝兰属。

【形态特征】 茎不长，少有分枝。叶剑形，长40—70厘米，革质，顶端尖硬，叶缘全缘。复总状花序圆锥状，花葶高可达1米以上；花被片长椭圆形，乳白色，泛红，大而下垂。蒴果倒卵状长圆形，下垂，不开裂。花期6—10月。

【辨识要点】叶剑形，大型，革质，顶端尖硬，叶缘全缘。花葶高可达1米以上，花被片长椭圆形，乳白色，泛红。

【分布范围】喜温暖、湿润、阳光充足的环境，耐旱，耐阴，耐寒，较耐湿。原产北美东部及东南部。中国长江流域及以南，以及山东、河南等地均有引种，武汉常见于庭院、小区、校园、公园露天栽种。

含笑

常绿灌木。花芬芳，香气浓郁优雅，有香蕉的香味。可制作花茶饮用，有安神解郁、振奋精神、活血调筋，凉血解毒、护肤养颜的功效。

【别称】 香蕉花、白兰花、含笑美、含笑梅、山节子、唐黄心树、香蕉灌木等。

【分类】 木兰科 含笑属。

【形态特征】 茎直立，株高2—3米，分枝多。叶互生，革质，长椭圆形或倒卵状椭圆形，长4—10厘米，宽1.8—4.5厘米。花单生，直立，具甜浓的芳香；花被片6，肉质，长椭圆形，长12—20毫米，宽6—11毫米；白色或淡黄色，边缘和基部有时红色或紫色。聚合果卵圆形或球形，长2—3.5厘米。花期3—5月，果期7—8月。

【辨识要点】 叶互生，革质，长椭圆形或倒卵状椭圆形。花香浓郁，花被片6，肉质，长椭圆形，白色或淡黄色，边缘和基部有时红色或紫色。

【分布范围】 喜半阴，忌强光，多生于阴坡杂林中。原产中国华南南部，现广植各地。武汉多见于盆景和庭院栽种，以及小区、校园、公园等公共区域绿化。

朱砂根

常绿灌木。根可入药，有解毒消肿、行血祛风的功效，可用于治疗咽喉肿痛、扁桃体炎、上呼吸道感染、支气管炎、淋巴结炎、腰腿痛、风湿性关节炎、跌打损伤等；外用可治疗骨折和毒蛇咬伤。

【别称】 红凉伞、百两金、珍珠伞、铁凉伞、大凉伞、凉伞遮珍珠、凤凰肠、高脚金鸡、豹子眼睛果、山豆根、开喉箭等。

【分类】 报春花科 紫金牛属。

【形态特征】 茎直立，高0.4—1米。叶互生，长椭圆形，长5—8厘米，宽1.5—3厘米，先端渐尖，革质，较厚，叶缘具钝齿状缺刻。伞形花序，花粉红色或白色。果实球形，直径6毫米左右，鲜红、有光泽。夏季开花结果，果期可达9个月，两年的果同时挂于枝头。

【辨识要点】 叶互生，长椭圆形，革质，较厚，叶缘具钝齿状缺刻。果实球形，

鲜红有光泽，两年的果同时挂于枝头。

【分布范围】 喜阴湿，多生山谷、林下、灌木丛中，非常适合盆栽。主要分布于中国广东、广西、四川、福建等地，武汉主要见于家庭盆栽。

小叶栀子

常绿灌木或小乔木。优良的芳香花卉，对二氧化硫有抗性。果可入药，有消炎祛热的功效，用于治疗心烦不眠、口舌生疮、热病高烧、鼻衄、眼结膜炎、疮疡肿毒、黄疸型传染性肝炎、吐血、尿血等，外用可用于治疗外伤出血、扭挫伤；根入药主治跌打损伤、风火牙痛、传染性肝炎等。

【别称】 小花栀子、雀舌栀子、雀舌花等。

【分类】 茜草科 栀子属。

【形态特征】 茎直立，株高可达1—2米，但大多比较低矮。叶对生或3枚轮生，长椭圆形，长5—14厘米，具光泽。花顶生或腋生，花冠高脚碟状，6裂，白色，芳香浓郁。浆果卵形，具6纵棱。种子扁平。花期6—8月，果熟期10月。

【辨识要点】 叶形、花形与栀子花极相似，只是要小一些；花芬芳，芳香浓郁，与栀子花同。

【分布范围】 喜温暖、湿润的环境，不耐寒。全国大部分地区有栽培，武汉常见于庭院、小区、校园公园等公共区域绿化栽种或用作绿篱。

杜鹃

常绿或落叶灌木。花冠鲜红色，具有较高的观赏价值。全株可入药，有补虚和行气活血的功效，可用于治疗肾虚耳聋、内伤咳嗽、月经不调、风湿等。

【别称】 映山红、山踯躅、山石榴、照山红、唐杜鹃等。

【分类】 杜鹃花科 杜鹃花属。

【形态特征】 茎直立，高2—5米，多分枝。叶长椭圆形或倒卵形，近革质，长1.5—5厘米，宽0.5—3厘米。花2—3朵簇生枝顶；花萼5深裂，宿存；花冠漏斗形，长3.5—4厘米，宽1.5—2厘米，裂片5，多见鲜红色、玫瑰色或暗红色，花柱伸出花冠外。蒴果卵球形，长达1厘米。花期4—5月，果期6—8月。

【辨识要点】 叶长椭圆形或倒卵形，近革质。花冠漏斗形，裂片 5，多见鲜红色、玫瑰色或暗红色，花柱伸出花冠外。

【分布范围】 喜湿润、凉爽、通风的半阴环境，畏酷热，忌严寒。世界各地均有栽培。中国各地均有分布。武汉常见于山林坡地和庭院、校园、小区栽种，也有用作绿篱。

枸骨

常绿灌木或小乔木。叶形奇特，是观叶、赏果植物。根、叶、果实可供药用：根有补肝肾、凉血、祛风、止痛的功效，可用于治疗关节疼痛、头风、赤眼、牙痛、瘰疬等；叶有清热养阴、益肾、平肝的功效，可用于治疗肺痨咯血、骨蒸潮热、头晕目眩等；果实有滋补强壮的功效，可用于治疗慢性腹泻和白带过多、崩带、阴虚身热、淋浊、筋骨疼痛等。

【别称】 猫儿刺、狗骨刺、老虎刺、猫儿香、老鼠树、八角刺、鸟不宿等。

【分类】 冬青科 冬青属。

【形态特征】 茎直立，株高 1—3 米。叶片近矩形，革质较厚，有光泽，长 4—9 厘米，宽 2—4 厘米，先端 3 裂锐尖，各具硬刺，中下部两侧也具刺，常反曲，基部近截形，两侧各具 1—2 刺。花序簇生于叶腋，花被片 4，黄色。果球形，直径 8—10 毫米，成熟时为鲜红色。花期 4—5 月，果期 10—12 月。

【辨识要点】 叶形奇特，叶片近矩形，革质较厚，有光泽，先端 3 裂锐尖，各具硬刺，中下部两侧也具刺，常反曲，基部近截形，两侧各具 1—2 刺。

【分布范围】 喜阳光，耐干旱，耐阴。多生于谷地、山坡、灌木丛中。主要分布于中国长江中下游地区，欧美一些国家的植物园也有栽培。武汉多见于庭院栽培或作绿篱。

洒金桃叶珊瑚

常绿灌木。赏叶植物。多为园林栽种和绿篱。对烟尘和大气污染有抗性。

【别称】 洒金东瀛珊瑚、花叶青木等。

【分类】 丝缨花科 桃叶珊瑚属。

【形态特征】 茎直立,株高1.2米左右。叶对生,长椭圆形或椭圆状披针形,上部叶缘有疏锯齿状缺刻,纸质或革质,有光泽,叶面有黄色、金黄色或淡黄色的大小不一的斑点。圆锥花序顶生;花瓣长椭圆状披针形,暗紫色或紫红色。果卵圆形,红色。花期3—4月,果期11月至次年4月。

【辨识要点】 叶长椭圆形或椭圆状披针形,上部叶缘有疏锯齿状缺刻,纸质或革质,有光泽,叶面有黄色、金黄色或淡黄色大小不一的斑点。

【分布范围】 耐阴,不耐寒,忌暴晒。原产中国台湾地区,日本也有分布。中国多省份有栽培和栽种,武汉多用于庭院绿化和绿篱。

海桐

常绿灌木或小乔木。观叶、观果植物。能抗有毒气体,常用作花坛、道路、公园绿化和绿篱。根、叶可入药,有祛风活络、散瘀止痛、解毒、止血的功效,能治疗风湿性关节炎、骨痛、风虫牙痛、毒蛇咬伤等。

【别称】 海桐花、山瑞香、七里香、宝珠香、山矾等。

【分类】 海桐花 海桐属。

【形态特征】 茎直立、丛生,株高可达3米。叶长倒卵形,全缘,革质,密生枝顶,长5—12厘米,宽1—4厘米,先端钝圆或内凹。聚伞花序顶生;花被片5,近长椭圆形,白色或泛黄绿色,芳香。蒴果卵球形,具棱角,长可达1.5厘米,3裂,果瓣木质;种子鲜红色。花期5月,果熟期10月。

【辨识要点】叶长倒卵形，全缘，革质，密生枝顶。聚伞花序顶生，花被片5，白色或泛黄绿色，芳香。

【分布范围】喜半阴，耐烈日，耐湿。产于中国江苏南部、浙江、广东、福建、台湾等地，长江流域以南常见栽培。日本、朝鲜亦有分布。武汉主要用于庭院、园林观赏栽种。

紫荆

丛生或单生灌木。皮、果、木、根皆可入药，其种子有毒。树皮有解毒、活血、通淋的功效，可用于治疗月经不调、瘀滞腹痛、跌打损伤、蛇虫咬伤、喉痹等；花有清热凉血、祛风解毒的功效，用于治疗风湿筋骨痛、鼻中疳疮等；果实能止咳平喘、行气止痛，可用于治疗咳嗽、心口痛等。

【别称】裸枝树、紫珠等。

【分类】豆科　紫荆属。

【形态特征】茎高2—5米；树皮和小枝灰白色。叶纸质，近圆形或三角状圆形，宽与长相若或略短于长，先端急尖，基部浅至深心形，两面通常无毛，嫩叶绿色，仅叶柄略带紫色，叶缘膜质透明，新鲜时明显可见。花紫红色或粉红色，2—10余朵成束，簇生于老枝和主干上，尤以主干上花束较多，越到上部幼嫩枝条则花越少，通常先于叶开放，但嫩枝或幼株上的花则与叶同时开放，花长1—1.3厘米；花梗长3—9毫米；龙骨瓣基部具深紫色斑纹；子房嫩绿色，花蕾时光亮无毛，后期则密被短柔毛，有胚珠6—7颗。荚果扁狭长形，绿色，长4—8厘米，宽1—1.2厘米，翅宽约1.5毫米，先端急尖或短渐尖，喙细而弯曲，基部长渐尖，两侧缝线对称或近对称；果颈长2—4毫米；种子2—6颗，阔长圆形，长5—6毫米，宽约4毫米，黑褐色，光亮。花期3—4月，果期8—10月。

【辨识要点】叶近圆形或三角状圆形，基部浅至深心形，纸质。花紫红色或粉红色，簇生于老枝和主干上，尤以主干上花束较多，通常先于叶开放。荚果扁狭长形。

【分布范围】喜光照，有一定的耐寒性，喜肥沃、排水良好的土壤，不耐淹。萌蘖性强，耐修剪。中国东南部，北至河北，南至广东、广西，西至云南、四川，西北至陕西，东至浙江、江苏和山东等地区均有分布，武汉常见于公园、小区、校园等公共区域绿化栽种。

结香

落叶灌木。因枝条柔软，可以打结而不断，故名结香。姿态优雅，树冠球形，柔枝可打结，主要用于园林栽种观赏。全株可入药，有消炎止痛、舒筋活络的功效，可用于治疗风湿痛和跌打损伤。

【别称】 三叉树、打结花、家香、黄瑞香，喜花、梦冬花等。

【分类】 瑞香科 结香属。

【形态特征】 茎直立，多分枝，株高2米左右。叶在开花后生出，倒披针形、披针形或长椭圆形，长8—20厘米，宽2.5—5.5厘米，互生，全缘。假头状花序顶生或腋生，绒球状，下垂，具花30—50朵，芳香；花冠喇叭状，黄色；花萼长1.3—2厘米，宽4—5毫米。核果卵圆形，绿色，长约8毫米，直径约3.5毫米。花期3—4月，果期春夏间。

【辨识要点】 枝条柔软，可以打结而不断。叶倒披针形、披针形或长椭圆形。

【分布范围】 喜温暖、半阴的环境，耐晒，不耐寒，多生于路旁、岸边、墙隅。主要分布于中国长江流域以南诸省区。武汉多见于公共绿化区域的观赏种植。

绣球

落叶灌木。赏花植物。根、叶、花均可入药，有清热解毒的功效，可用于治疗疟疾、肺热喉痛等；外用可治疗疥癣、肾囊风等。

【别称】 八仙花、紫阳花、草绣球、粉团花、紫绣球等。

【分类】 绣球科 绣球属。

【形态特征】 茎直立，基部多分枝丛生近球形，株高1—4米。叶对生，长椭圆形或倒卵形，长6—15厘米，宽4—11.5厘米，先端骤尖，叶缘具锯齿状缺刻。聚伞花序伞房状近球形，直径8—20厘米；花多数不育；花萼片4，阔卵形或近圆形，长1.4—2.4厘米，宽1—2.4厘米，粉红色、淡蓝色或白色；瓣长圆形，长3—3.5毫米。蒴果长陀螺状，未成熟。种子未熟。花期6—8月。

【辨识要点】 叶对生，长椭圆形或倒卵形，叶缘具锯齿状缺刻。聚伞花序伞房状近球形，粉红色、淡蓝色或白色。

【分布范围】 喜温暖、湿润和半阴的

环境。原产中国和日本。中国主要分布于华北、华东、华中、华南、西南等地区，武汉多见于公园、小区、校园等公共绿化区域栽种。

茶花

　　常绿灌木或小乔木。有较强的观赏价值，嫩叶可食用或作茶饮。花可入药，有清肺平肝的功效，可用于治疗鼻衄、高血压等。

　　【别称】 山茶、山茶花、海石榴等。

　　【分类】 山茶科 山茶属。

　　【形态特征】 茎直立，多分枝，株高可达9米。叶互生，长椭圆形，革质，长5—10厘米，宽2.5—5厘米，叶缘有细锯齿状小缺刻。单生花顶生，红色，无柄；花瓣倒阔卵形，长3—4.5厘米，6—7片，有的重瓣品种可达60—70片。蒴果球形，直径2.5—3厘米。花期1—4月。培育品种的花期较长，始花期和盛花期均有变化。

　　【辨识要点】 叶互生，长椭圆形，革质，叶缘有细锯齿状小缺刻。单生花顶生，红色，无柄，花瓣倒阔卵形。

　　【分布范围】 喜光照、半阴的环境。原产中国东部，主要分布在长江流域、珠江流域和云南各地。日本、朝鲜、印度等国广泛栽种。武汉主要用于庭院绿化和花卉观赏栽种，也有家庭作为花卉盆栽。

金丝桃

　　半常绿灌木或小乔木。花叶美丽，形态秀雅，是常见的观赏花木。可入药，有抗菌消炎、抗病毒、创伤收敛、镇静、抗抑郁的功效。

　　【别称】 金丝海棠、金线蝴蝶、金丝莲、过路黄、土连翘、狗胡花等。

　　【分类】 金丝桃科 金丝桃属。

【形态特征】 茎丛生，株高 0.5—1.3 米。叶对生，纸质，长椭圆形或倒披针形，稀为披针形至卵形或卵状三角形，长 2—11.2 厘米，宽 1—4.1 厘米。聚伞花序顶生；花瓣 5，倒阔卵形，末端渐窄，长 2—3.4 厘米，宽 1—2 厘米，辐射状排列，金黄色至柠檬黄色，开张，雄蕊纤细，呈束状，几与花瓣等长，灿若金丝。蒴果宽卵圆球状或近球形，长 6—10 毫米，宽 4—7 毫米。种子深红褐色，圆柱形，长约 2 毫米。花期 5—8 月，果期 8—9 月。

【辨识要点】 叶对生，纸质，长椭圆形或倒披针形。花瓣 5，倒阔卵形，辐射状排列，金黄色至柠檬黄色。雄蕊纤细，呈束状，几与花瓣等长，灿若金丝。

【分布范围】 喜湿润、半阴的环境，不耐寒，多生于林下、山坡、路旁或灌丛中。中国主要分布于东北、西北、华东、华中、西南、西北等地区，武汉多见于公园、小区、校园等公共绿化栽种。

金边黄杨

常绿灌木或小乔木。大叶黄杨的变种之一，赏叶植物，是很好的园林绿化和盆景材料，多用于绿篱和花坛布置，也可盆栽观赏。对二氧化硫有抗性，是污染严重的工矿区首选常绿植物。

【别称】 金边冬青卫矛、金边七里香、正叶、大叶黄杨等。

【分类】 卫矛科 卫矛属。

【形态特征】 茎直立，多分枝，株高可达 4 米以上。叶对生，长椭圆形或倒卵形，长 3—5 厘米，叶缘为黄色或白色，具钝齿

状小缺刻，叶面有黄绿色或黄色斑块或条纹，革质，有光泽。聚伞花序腋生；花绿白色，直径 5—7 毫米；花瓣近卵圆形，长宽各约 2 毫米。蒴果球形，直径约 8 毫米，淡红色；种子椭圆状，长约 6 毫米，直径约 4 毫米。花期 5—6 月，果期 9—10 月。

【辨识要点】 叶对生，革质，长椭圆形或倒卵形，有光泽，叶缘为黄色或白色，具钝齿状小缺刻，叶面有黄绿色或黄色斑块或条纹。

【分布范围】 喜温暖、湿润的环境，耐旱，耐寒。中国主要分布在华中、西南等地区，武汉常用于绿篱或单独栽种。

龟背竹

常绿攀缘灌木。大型赏叶植物，有净化空气的作用。果实成熟后可食用。

【别称】 蓬莱蕉、铁丝兰、穿孔喜林芋等。

【分类】 天南星科 龟背竹属。

【形态特征】 茎直立，高可达 3—6 米，节粗壮，上有新月形叶痕和褐色气生根。叶常年碧绿，

厚革质，有光泽，轮廓卵状心形，宽40—60厘米，边缘羽状深裂；叶柄绿色，长可达1米。肉穗花序近圆柱形，长17.5—20厘米，粗4—5厘米，淡黄色；佛焰苞宽卵形，厚革质，先端具喙，长20—25厘米，白色泛黄。浆果淡黄色，长1厘米，粗7.5毫米。花期8—9月，果于翌年花期之后成熟。

【辨识要点】 叶常年碧绿，厚革质，有光泽，轮廓卵状心形，边缘羽状深裂。

【分布范围】 喜温暖、湿润、半阴的环境，忌强光、干燥，不耐寒。原产墨西哥，热带地区多引种栽培供观赏。中国福建、广东、广西和云南等地栽培于露地，武汉多栽培于温室，用于室内摆设与点缀，或栽种在庭院中，散植于公园池旁、溪沟、山石旁和石隙中。

白玉兰

落叶乔木。早春赏花植物。花可食，也可药用，有通窍、宣肺通鼻、祛风散寒的功效，可用于治疗鼻塞、过敏性鼻炎头痛、急慢性鼻窦炎、血瘀型痛经等。

【别称】 玉兰、望春花、玉兰花、木兰、玉堂春等。

【分类】 木兰科 玉兰属。

【形态特征】 茎直立，高达25米，胸径1米。单叶互生，倒卵形、阔倒卵形或倒卵状长椭圆形，长10—18厘米，宽6—12厘米，纸质，先端具短突尖，全缘。花先叶开放，单生枝顶，白色，芳香，直径10—16厘米，花被片9，长椭圆倒卵形，长6—10厘米，宽2.5—6.5厘米，基部常带粉红色。聚合果圆柱形，长12—15厘米，直径3.5—5厘米。种子心形，高约9毫米，宽约10毫米。花期2—3月，果期8—9月。

【辨识要点】 叶互生，倒卵形、阔倒卵形或倒卵状长椭圆形，纸质，先端具短突尖，全缘。花先叶开放，单生枝顶，白色，芳香。

【分布范围】 喜温暖、湿润的环境，不耐旱，忌涝。中国华南、西南及长江流域均有分布。世界各地引种栽培。武汉多见于公共区域的绿化，也有野生。

鹅掌楸

落叶大乔木。木材为淡红褐色，纹理直、结构细、质轻软、易加工、少变形、干燥后少开裂、无虫蛀，是建筑、造船、家具制造、细木工的优良用材，亦可制成胶合板。叶和树皮可入药。鹅掌楸树干挺直，树冠伞形，叶形奇特，古雅，为世界珍贵树种。

【别称】 马褂木、双飘树等。

【分类】 木兰科 鹅掌楸属。

【形态特征】 茎直立，高可达40米，胸径可达1米。小枝灰色或灰褐色。叶马褂状，长4—18厘米，近基部每边具1侧裂片，先端具2浅裂，下面苍白色，叶柄长4—8厘米。花杯状，花被片9，外轮3片绿色，萼片状，向外弯垂，内两轮6片、直立，倒卵形，长3—4厘米，绿色，具黄色纵条纹，花药长10—16毫米，花丝长5—6毫米，花期时雌蕊群超出花被之上，心皮黄绿色。聚合果长7—9厘米，具翅的小坚果长约6毫米，顶端钝或钝尖。种子1—2颗。

【辨识要点】 叶形奇特，状如马褂，一眼即可辨识。

【分布范围】 广泛分布于中国和越南北部。中国陕西、浙江、江西、福建、湖北、湖南、广西、四川、云南等地均有栽培，武汉常见于园林、行道树等绿化场所，以及乡村公路两侧。

荷花木兰

常绿大乔木。树形优美，花大白色，花形美观，芳香，是很好的庭院绿化观赏树种。耐烟抗风，对二氧化硫等有毒气体有较强的抗性，有净化空气、保护环境的良好作用。花可入药，有祛风散寒、止痛的功效，可用于治疗外感风寒、鼻塞头痛、气滞胃痛、呕吐腹泻、高血压、偏头痛等。

【别称】 大花玉兰、荷花玉兰、洋玉兰、广玉兰等。

【分类】 木兰科 北美木兰属。

【形态特征】 茎直立，株高可达30米；树皮淡褐色或灰色，薄鳞片状开裂。叶革质，叶片椭圆形或倒卵状长圆形，长10—20厘米，宽4—10厘米，先端钝或渐尖，基部楔形，上面深绿色，有光泽，下面淡绿色，有锈色细毛，侧脉8—9对。花芳香，白色，呈杯状，直径15—20厘米，开时形如荷花，通常6瓣2轮；萼片花瓣状，3枚；雄蕊多数，长约2厘米，花丝扁平，紫色，花药向内；雌蕊群椭圆形，密被长绒毛，长1—1.5厘米，花柱呈卷曲状。聚合果圆柱状长圆形或卵形，长7—10厘米，密被褐色或灰黄色绒毛。种子椭圆形或卵形，侧扁，外皮红色，长约1.4厘米，宽约6毫米。花期5—8月，果期9—10月。

【辨识要点】叶革质，叶片椭圆形或倒卵状长圆形，先端钝或渐尖，基部楔形，上面深绿色，有光泽，下面淡绿色，有锈色细毛。花芳香，白色，呈杯状，开时形如荷花。

【分布范围】喜光，喜温暖、湿润的环境，幼时稍耐阴，有一定的抗寒能力。原产南美洲，分布在北美洲以及中国长江流域及以南，武汉常见于庭院、校园、小区、园林栽种，也有作为行道树。

紫玉兰

落叶乔木。著名的早春观赏花木和优良的庭院、街道绿化植物。叶、花、树皮均可入药。幼嫩花蕾俗称辛夷，可烹饪食用，晒干后入药，有镇痛、消炎的功效，可用于治疗鼻炎、头痛等。

【别称】辛夷、木兰、木笔、望春等。

【分类】木兰科 玉兰属。

【形态特征】茎直立，株高可达3米。叶长椭圆形或椭圆状倒卵形，长8—18厘米，宽3—10厘米，叶缘全缘。纸质，近革质，有光泽。花蕾被淡黄色绢毛；花叶同时开放，有时花略先于叶；花被片9—12，花瓣离生，长椭圆状倒卵形，长8—10厘米，宽3—4.5厘米，内面为白色，外面为紫色或紫红色。聚合果圆柱形，深紫褐色，长7—10厘米。花期3—4月，果期8—9月。

【辨识要点】叶长椭圆形或椭圆状倒卵形，叶缘全缘。花蕾被淡黄色绢毛；花叶同时开放，有时花略先于叶。

【分布范围】 喜温暖、湿润和阳光充足的环境，较耐寒，不耐旱。中国各大城市都有栽培，并已引种至欧美各国。武汉常见于公园、校园、小区等公共区域的绿化种植。

垂丝海棠

落叶小乔木。早春赏花植物，果酸甜，可食，可制蜜饯，还可入药，有调经和血的功效，可用于治疗血崩等。

【别称】 思乡草、有肠花等。

【分类】 蔷薇科 苹果属。

【形态特征】 茎直立，株高可达5米。叶互生，长椭圆形或长卵形，长3.5—8厘米，宽2.5—4.5厘米，叶缘近全缘或有细齿状缺刻，质较厚，有光泽。伞房花序，花4—6朵，花梗长2—4厘米，细弱下垂；花直径3—3.5厘米，花瓣多于5，粉红色，近卵形，长约1.5厘米。果实倒卵形或梨形，直径0.6—0.8厘米。花期3—4月，果期9—10月。

【辨识要点】 叶互生，长椭圆形或长卵形，叶缘近全缘或有细齿状缺刻，质较厚，有光泽。伞房花序，花4—6朵，花梗细弱下垂，花瓣多于5，粉红色。

【分布范围】 喜阳光充足、温暖、湿润的环境，不耐阴，不甚耐寒，多生丛林山坡或溪涧边。产华东、华中、西南等地。武汉常见于园林绿化，多植于公园、小区、校园等公共绿化区域。

光叶石楠

常绿中型乔木或灌木。常见园林绿化树种，种子含油，可用于制肥皂或润滑油。叶可入药，有利尿、解热、镇痛的功效。

【别称】 光凿树、扇骨木、红檬子、石斑木等。

【分类】 蔷薇科 石楠属。

【形态特征】 茎直立，株高3—5米，或可达7米。叶互生，革质，有光泽，长椭圆形，长5—9厘米，宽2—4厘米，叶缘疏生浅钝细锯齿或波状缺刻。复伞房花序顶生，直径5—10厘米；花直径7—8毫米；花瓣倒卵形，长约3毫米，白色。果实红色，卵形，长约5毫米。花期4—5月，果期9—10月。

【辨识要点】 叶互生，革质，有光泽，长椭圆形，叶缘疏生浅钝细锯齿或波状缺刻。

【分布范围】 喜光照、温暖、湿润的环境，耐阴，不耐寒。缅甸、泰国、日本有分布。中国主要分布于华中、华南等地区，武汉常见于庭院、公园、校园、小区用作绿篱。

海棠花

落叶乔木。早春赏花植物。种子含油，可食用和制皂；果实可制蜜饯；花可制酱；树皮可提制栲胶。可入药，有顺气、祛风、止痛、舒筋的功效，能去痰、解酒、止痢、健胃等。

【别称】 海棠等。

【分类】 蔷薇科 苹果属。

【形态特征】 茎直立，高可达8米。叶互生，长椭圆形或卵状长椭圆形，长5—8厘米，宽2—3厘米，叶缘有细锯齿状缺刻，或部分近于全缘。花序近伞形，有花4—6朵；花直径4—5厘米；花瓣5，卵圆形，长2—2.5厘米，宽1.5—2厘米，白色泛粉红色。果实黄色，近球形，直径2厘米。花期4—5月，果期8—9月。

【辨识要点】 叶互生，长椭圆形或卵状长椭圆形，叶缘有细锯齿状缺刻，或部分近于全缘。花瓣5，卵圆形，白色泛粉红色。

【分布范围】 原产中国，华北、华中、华东、华南、西南等地区都有栽培，武汉常见于校园、小区、公园等公共区域绿化栽种。

红叶石楠

常绿小乔木。春季和秋季新叶亮红色，夏季转绿。常用作行道树和绿篱，具有很好的景观效果。

【别称】 火焰红、千年红、酸叶石楠等。

【分类】 蔷薇科 石楠属。

【形态特征】 茎直立，株高 4—6 米，株形紧凑。叶革质，长椭圆形至倒卵披针形，长 5—15 厘米、宽 2—5 厘米，叶端渐尖而有短尖头，叶基楔形，叶缘有带腺的锯齿，叶柄长 0.8—1.5 厘米。花多而密，呈顶生复伞房花序状，花序梗、花柄均贴生短柔毛；花白色，径 1—1.2 厘米。梨果黄红色，径 7—10 毫米。花期 5—7 月，果期 9—10 月成熟。

【辨识要点】 春、秋、冬三季新叶的叶色红艳美观。

【分布范围】 喜温暖、潮湿、阳光充足的环境，稍耐阴，耐寒性强。中国华东、中南及西南地区有栽培，北京、天津、山东、河北、陕西等地均有引种栽培。武汉常见于各小区、校园、庭院、公园栽种，并修剪成灌木状。

梨

落叶乔木或灌木，极少数品种为常绿。果实为常见水果，味美汁多，甜中带酸，营养丰富，含有多种维生素和纤维素，不同种类的梨味道和质感完全不同。除了作为水果食用以外，还可以作观赏之用。果实有降火、清心、润肺、化痰、止咳、退热、解疮毒和酒毒的功效，还可通便秘，利消化，对心血管也有益处，常食可补充人体的营养，适合肝炎、肺结核、大便秘结、急慢性气管炎、上呼吸道感染、高血压、心脏病以及食道癌患者食用。

【别称】 鸭梨等。

【分类】 蔷薇科 梨属。

【形态特征】 茎直立。叶片多呈卵形或长椭圆形，大小因品种不同而各异。花为白色，或略带黄色、粉红色，五瓣。果实形状多近圆形，不同品种的果皮颜色大相径庭，有黄色（黄中带绿）、绿色（绿中带黄）、黄褐色、绿褐色、红褐色、褐色，个别品种亦有紫红色。因地域和品种不同，花期各不相同，一般 3—5 月开花。花叶同时开放或先叶后花。

【辨识要点】 叶片多呈卵形或长椭圆形，大小因品种不同而各异。花 5 瓣，多为白色，或略带黄色、粉红色。花叶同时开放或先叶后花。

【分布范围】 耐寒，耐旱，耐涝，耐盐碱。中国各地多有栽种，栽培面积和产量仅次于苹果，武汉主要见于郊区果林栽种或村民自种。

枇杷

常绿小乔木。树姿优美，花、果色泽艳丽，是优良绿化树种和蜜源植物，也是观赏树木和果树。果实作为水果，可生食，或制成蜜饯，还可酿酒；叶晒干去毛，可供药用，有化痰止咳、和胃降气之效；木材红棕色，可制作成木梳、手杖、农具柄等。

【别称】 芦橘、金丸、芦枝、炎果、焦子等。

【分类】 蔷薇科 枇杷属。

【形态特征】 茎直立，高可达10米；小枝粗壮，黄褐色，密生锈色或灰棕色绒毛。叶革质，倒披针形、披针形、倒卵形或长椭圆形，长12—30厘米，宽3—9厘米，先端急尖或渐尖，基部楔形或渐狭成叶柄，上部边缘有疏锯齿，侧脉11—21对；叶柄短或几无柄，长6—10毫米，有灰棕色绒毛。圆锥花序顶生，长10—19厘米，具多花；总花梗和花梗密生锈色绒毛；花梗长2—8毫米；花直径12—20毫米；萼筒浅杯状，长4—5毫米，萼片三角卵形，长2—3毫米，先端急尖，萼筒及萼片外面有锈色绒毛；花瓣白色，长圆形或卵形，长5—9毫米，宽4—6毫米，有锈色绒毛。果实球形或长圆形，直径2—5厘米，黄色或橘黄色，外有锈色柔毛，不久脱落；种子1—5枚，球形或扁球形，直径1—1.5厘米，褐色，光亮，种皮纸质。花期10—12月，果期5—6月。

【辨识要点】 叶革质，倒披针形、披针形、倒卵形或长椭圆形。果实球形或长圆形，黄色或橘黄色，外有锈色柔毛，后脱落。

【分布范围】 原产中国甘肃、陕西、河南、江苏、安徽、浙江、江西、湖北、湖南、四川、云南、贵州、广西、广东、福建、台湾等地，现各地广为栽培，四川、湖北有野生。日本、印度、越南、缅甸、泰国、印度尼西亚也有栽培。武汉常见于果林栽种或公园、小区绿化栽种。

球花石楠

常绿灌木或小乔木。观赏植物，常用作庭荫树或绿篱。

【分类】 蔷薇科 石楠属。

【形态特征】 茎直立，高6—10米。幼枝密生黄色绒毛，老枝无毛，紫褐色。叶革质，形状大小变化很大，长椭圆形或长椭圆披针形，长5—18厘米，宽2.5—6厘米，先端短渐尖；叶柄长2—4厘米，初密生绒毛，后几无毛。复伞房花序顶生，直径6—10厘米，总花梗数次分枝，花近无梗；总花梗、花梗和萼筒外面皆密生黄色绒毛；花直径约4毫米，芳香；萼筒杯状，长1毫米；萼片卵形，直立，先端急尖，外面有绒毛；花瓣白色，近圆形，直径2—2.5毫米，先端圆钝。果实卵形，长5—7毫米，直径2.5—3毫米，红色。花期5月，果期9月。

【辨识要点】 叶革质，长椭圆形或长椭圆披针形，形状大小变化很大。复伞房花序顶生，果实卵形，红色。

【分布范围】 喜温暖湿润的气候，抗寒力不强，喜光也耐阴，对土壤要求不严。

产中国云南、四川等地，现多地广泛栽培，武汉常见于绿篱或公园、小区绿植。

日本晚樱

落叶乔木。春季赏花植物。花蕾可入药，有祛风镇咳的功效。

【别称】 重瓣樱花等。

【分类】 蔷薇科 李属。

【形态特征】 茎直立，株高3—8米。叶互生，长椭圆形或卵状椭圆形，长5—9厘米，宽2.5—5厘米，先端渐尖，叶缘有锯齿状缺刻。伞形花序或总状伞房花序，开花2—3朵；花瓣有单瓣、半重瓣、重瓣之别；花瓣倒阔卵形，先端内凹，长宽1.5—2厘米，多粉色，也有深红色、粉白色、纯白色和淡黄色。核果卵球形或球形，直径8—10毫米，紫黑色。花期4—5月，果期6—7月。

【辨识要点】 叶长椭圆形或卵状椭圆形。花瓣倒阔卵形，多粉色，也有深红色、粉白色、纯白色和淡黄色。

【分布范围】 喜光照，较耐寒。原产日本，中国引入栽培。中国主要分布于东北、华东、华中、西南等地区，武汉主要见于小区、校园、公园等公共区域的绿化栽种。

石楠

常绿灌木或小乔木。具观赏价值的常绿阔叶乔木，常作为庭荫树绿篱栽植。木质坚密，可制车轮及器具柄；种子榨油供制油漆、肥皂或润滑油用。叶和根可供药用，有镇静、解热等效果，还可作为土农药防治蚜虫，对马铃薯病菌孢子发芽有抑制作用。

【别称】 石楠柴、山官木、石眼树、凿角、笔树、石纲、将军梨、扇骨木等。

【分类】 蔷薇科 石楠属。

【形态特征】 茎直立，高4—6米，有时可达12米。叶互生，革质，长椭圆形、长倒卵形或倒卵状椭圆形，长9—22厘米，宽3—6.5厘米，叶缘有疏生具腺细锯齿，近基部全缘，上面光亮；叶柄粗壮，长2—4厘米，幼时有绒毛，以后无毛。复伞房花序顶生，直径10—16厘米；总花梗和花梗无毛，花梗长3—5毫米；花密生，直径6—8毫米；萼筒杯状，长约1毫米，无毛；花瓣5，分离，白色，近圆形，直径3—4毫米，内外两面皆无毛。果实球形，直径5—6毫米，红色，后成褐紫色，有1粒种子；种子卵形，长2毫米，棕色，平滑。花期6—7月，果期10—11月。

【辨识要点】 叶互生，革质，光亮，长椭圆形、长倒卵形或倒卵状椭圆形。复伞房花序顶生。果实球形，红色，后成褐紫色。

【分布范围】 喜光照充足、温暖、湿润的环境，耐阴，不耐寒。主要分布于中国西北、华中、华南、西南等地，印度尼西亚、日本也有分布。武汉常见于园林绿化栽种。

桃

落叶小乔木。花可以观赏；果实多汁，是有名的水果，可以生食或制成果脯、罐头等；核仁也可以食用。桃具有药用价值。果实有补益气血、养阴生津的作用；桃仁有活血化瘀、润肠通便的作用，桃仁提取物有抗凝血及止咳的作用，同时还有助于降血压。桃胶是树皮分泌的红褐色或黄褐色胶状物质，有和血、通淋、止痢的功效，可用于治疗石淋、血瘕、痢疾、糖尿病、腹痛、乳糜尿等。

【分类】 蔷薇科 李属。

【形态特征】 茎直立，株高可达8米，树冠宽广而平展；树皮暗红褐色，老时粗糙呈鳞片状。单叶互生，椭圆状披针形、长圆披针形或倒卵状披针形，长7—15厘米，宽2—3.5厘米，先端渐尖，基部宽楔形，上面无毛，下面在脉腋间具少数短柔毛或无毛，叶边具细锯齿或粗锯齿。花单生，先于叶开放，直径2.5—3.5厘米；花梗极短或几无梗；萼片卵形至长圆形，顶端圆钝，外被短柔毛；花瓣长圆状椭圆形至宽倒卵形，粉红色，少见白色；雄蕊20—30，花药绯红色；花柱几与雄蕊等长或稍短。果实大小和形状多样，卵形、宽椭圆形或扁圆形，直径3—12厘米，颜色由淡绿白色至橙黄色，常在向阳面具红晕，密被短柔毛，稀无毛，腹缝明显，果梗短而深入果洼；果肉白色、浅绿白色、黄色、橙黄色或红色，多汁有香味，甜或酸甜；核大，离核或黏核，椭圆形或近圆形，两侧扁平，顶端渐尖，表面具纵、横沟纹和孔穴；种仁味苦，稀味甜。花期3—4月，果实成熟期因品种而异，通常为8—9月。

【辨识要点】　单叶互生，椭圆状披针形、长圆披针形或倒卵状披针形，先端渐尖，基部宽楔形。花单生，先于叶开放，花瓣长圆状椭圆形至宽倒卵形，粉红色，少见白色。果实大小和形状多样，卵形、宽椭圆形或扁圆形，颜色由淡绿白色至橙黄色，常在向阳面具红晕，密被短柔毛，稀无毛，腹缝明显。

【分布范围】　喜光照，耐旱，耐寒力强。世界各地均有栽植。原产中国，我国各省区广泛栽培，主要经济栽培地区在华北、华东等地。武汉常见于庭院、公园、园林、小区栽种，多用于观赏，近郊有大片栽种。

月季石榴

落叶小乔木或灌木，在热带变为常绿树种。花朵多，花期长，花火红色，艳丽怒放，又名花石榴，是相对于果石榴而言的。月季石榴主要用于观花，也可用于观果，是很好的观赏植物。果可生食，还可入药，有润燥、收敛功效。果皮内含单宁，可作工业原料，入药可治泻痢；根可除绦虫；叶煮水可洗眼。

【别称】　花石榴、四季石榴等。

【分类】　石榴科　石榴属。

【形态特征】　茎直立，株高可达5—7米，一般为3—4米，但矮生石榴仅高约1米或更矮。叶近革质，叶片长椭圆形或长披针形，长1—9厘米，叶色浓绿，正面微有光泽。花两性，依子房发达与否有钟状花和筒状花之别，前者子房发达善于受精结果，后者常凋落不实。一般1朵至数朵着生在当年新梢顶端及顶端以下的叶腋间；萼片硬，肉质，管状，5—7裂，与子房连生，宿存；花瓣倒卵形，与萼片同数而互生，覆瓦状排列。花有单瓣、重瓣之分。重瓣品种雌雄蕊多瓣化而不孕，花瓣多达数十枚；花多红色，也有白色和黄色、粉红色、玛瑙色等。雄蕊多数，花丝无毛。雌蕊具花柱1个，长度超过雄蕊。外种皮肉质，呈鲜红色、淡红色或白色，多汁，甜而带酸，即为可食用的部分；内种皮为角质，也有退化变软的，即软籽石榴。

【辨识要点】　叶近革质，长椭圆形或

长披针形，叶色浓绿，正面微有光泽。花有单瓣、重瓣之分。花多红色，也有白色和黄色、粉红色、玛瑙色等。

【分布情况】 喜温暖、阳光充足、干燥的环境，耐干旱，也较耐寒；不耐水涝，不耐阴；对土壤要求不严，以肥沃、疏松、适湿且排水良好的砂制壤土为最好。原产伊朗、阿富汗等国家。中国除极寒地区外，各地均有栽培，武汉常见于小区、校园、公园栽种。

紫叶李

落叶小乔木或灌木，叶常年紫红色，著名观叶树种。

【别称】 红叶李、樱桃李等。

【分类】 蔷薇科 李属。

【形态特征】 茎直立，株高可达 8 米，树皮紫灰色，小枝淡红褐色，整株树干光滑无毛。单叶互生，叶片卵圆形或长圆状披针形，紫红色，长 4.5—6 厘米，宽 2—4 厘米，先端短尖，基部楔形，叶缘具尖细锯齿，羽状脉 5—8 对。花单生或 2 朵簇生，白色，雄蕊 25—30，略短于花瓣，花部无毛，核果扁球形，直径 1—3 厘米，腹缝线上微见沟纹，成熟后为黄色、红色或紫色，光亮或微被白粉，花叶同放，花期 3—4 月，果常早落。

【辨识要点】 树皮紫灰色，小枝淡红褐色。叶卵圆形或长圆状披针形，紫红色，叶缘具尖细锯齿。花单生或 2 朵簇生，白色，花叶同放。

【分布范围】 喜光，稍耐阴，抗寒，适应性强，以温暖湿润的环境和排水良好的砂质壤土为最好。原产中亚及中国新疆天山一带。中国华北及其以南地区广为种植，武汉常见于校园、小区、公园栽种。

枫杨

落叶大乔木。主要栽植作为园庭树或行道树，乡村野地山林常见。枫杨材质轻软，易加工，不易翘裂，但不耐腐朽，可作为桥梁、家具、农具以及人造棉原料。树皮和枝皮含单宁，可提取栲胶，亦可作纤维原料；果实可作饲料和酿酒，种子还可榨油。树皮煎水可入药，茎皮及树叶煎水或捣碎制成粉剂，可作杀虫剂。

枫杨树皮煎水含漱可止牙痛，叶煎水内服可治疗慢性气管炎。枫杨皮清热解毒、祛风止痛，叶可治烂疮、火灼、痢疾、止血杀菌，果可治疗溃疡。树皮、叶、根中均含有大量鞣质，具有抑菌消炎、祛风止痛、清热解毒的效果，可用于治疗创伤、灼伤、神经性皮炎等。

【别称】　枰柳、麻柳、枰伦树、水麻柳、蜈蚣柳等。

【分类】　胡桃科 枫杨属。

【形态特征】　茎直立，高可达 30 米，胸径可达 1 米。叶多为偶数或稀奇数羽状复叶，长 8—16 厘米（稀可为 25 厘米），叶柄长 2—5 厘米，叶轴具翅至翅不甚发达，与叶柄一样被有疏或密的短毛；小叶 10—16 枚（稀 6—25 枚），无小叶柄，对生或稀近对生，长椭圆形至长椭圆披针形，长 8—12 厘米，宽 2—3 厘米，顶端常钝圆或稀急尖，基部歪斜，上方一侧楔形至阔楔形，下方一侧圆形，边缘有向内弯的细锯齿。雄性葇荑花序长 6—10 厘米，单独生于去年生枝条上叶痕腋内，花序轴常有稀疏的星芒状毛。雌性葇荑花序顶生，长 10—15 厘米，花序轴密被星芒状毛及单毛，下端不生花的部分长达 3 厘米，具 2 枚长达 5 毫米的不孕性苞片。果序长 20—45 厘米，果序轴常被有宿存的毛。果实长椭圆形，长 6—7 毫米，基部常有宿存的星芒状毛；果翅 2，条形或阔条形，长 12—20 毫米，宽 3—6 毫米，具近于平行的脉。花期 4—5 月，果熟期 8—9 月。

【辨识要点】　羽状复叶，翅果成串下垂。

【分布范围】　喜光，不耐阴，耐湿性强，喜深厚肥沃湿润的土壤，以雨量比较多的暖温带和亚热带气候较为适宜。原产中国，在长江流域和淮河流域最为常见，华北、华中、华东、华南和西南各地均有分布，华北和东北仅有栽培。朝鲜半岛亦有分布。武汉常见于园林、行道等绿化场所，也常见于乡村公路两侧。

化香树

落叶小乔木。化香树是一种速生多用途的绿化树种，也是荒山造林先锋树种之一。树皮、根皮、叶和果均含胶质，是提制栲胶的原料。树皮能剥取纤维，叶可作农药，根部及老木含有芳香油，种子可榨油。果及树皮含单宁，可作天然染料，还可入药，有顺气祛风、活血行气、杀虫止痒、消肿止痛的功效，可用于治疗腹痛、筋骨疼痛、跌打损伤、湿疮、痈肿、疥癣等。

【别称】　花木香、还香树、皮杆条、山麻柳、栲蒲、换香树等。

【分类】 胡桃科 化香树属。

【形态特征】 茎直立，株高 2—6 米。多奇数羽状复叶，叶长 15—30 厘米，叶总柄显著短于叶轴，具 7—23 枚小叶；小叶纸质，长椭圆状披针形至卵状披针形，长 4—11 厘米，宽 1.5—3.5 厘米，不等边，顶端长渐尖，边缘有锯齿，小叶上面绿色，下面浅绿色，初时脉上有褐色柔毛，后脱落；侧生小叶无叶柄，对生或生于下端者偶尔有互生。两性花序和雄花序在小枝顶端排列为伞房状花序束；雄花苞片阔卵形，雌花苞片卵状披针形。果序球果状，长椭圆状圆柱形至卵状椭圆形，宿存苞片木质，种子卵形，种皮膜质黄褐色。花期 5—6 月，果期 7—8 月。

【辨识要点】 奇数羽状复叶，小叶纸质，长椭圆状披针形至卵状披针形。两性花序和雄花序在小枝顶端排列为伞房状花序束。

【分布范围】 喜温暖湿润气候和深厚肥沃的砂质壤土，对土壤的要求不严，耐干旱瘠薄，生于向阳山坡杂木林中，在低山丘陵次生林中为常见树种。中国主要分布于西北、华北、华中、西南、华南等地，武汉常见于庭院、园林绿化及乡村道路两侧。

合欢

落叶乔木，树形优美，花色艳丽美观，常作为景观树、行道树和生态保护树等。木材红褐色，纹理直，结构细，干燥时易裂，可制家具、枕木等。树皮可提制栲胶。合欢花有解郁安神、理气开胃、活络止痛的功效，可用于治疗心神不安、郁结胸闷、失眠健忘、风火眼等，也可用于治疗神经衰弱。

【别称】 马缨花、绒花树、合昏、夜合、鸟绒树、绒花树等。

【分类】 豆科 合欢属。

【形态特征】 茎直立，高可达 16 米。二回羽状复叶，互生；总叶柄长 3—5 厘米，羽片 4—12 对，栽培的有时达 20 对；小叶 10—30 对，长圆形或线形，长 6—12 毫米，宽 1—4 毫米，中脉紧靠上边缘。头状花序在枝顶排成圆锥形散尾状花序；花底部白色，渐变为粉红色；花冠长 8 毫米，裂片三角形，长 1.5 毫米，花萼、花冠外均被短柔毛；雄蕊多数，基部合生，花丝细长；子房上位，花柱几与花丝等长，柱头圆柱形。荚果带状，长 9—15 厘米，宽 1.5—2.5 厘米，嫩荚有柔毛，老荚无毛。花期 6—7 月，果期 8—10 月。

【辨识要点】 二回羽状复叶，互生。头状花序在枝顶排成圆锥形散尾状花序；花底部白色，渐变为粉红色或红色。

【分布范围】 喜温暖、湿润、阳光充足的环境，耐寒，对气候和土壤适应性强。原产中国、日本、韩国、朝鲜。越南、泰国、缅甸、印度、伊朗、非洲东部及美洲南部，中亚至东亚均有分布。中国广泛分布于华东、华南、西南地区，以及黄河流域至珠江流域，武汉常见于行道树和园林景观、小区、工厂绿化。

槐

落叶乔木。树形高大，枝叶茂密，适作庭荫树，在中国北方多作为行道树。花是重要的蜜源，可烹调食用，也可用于制中药或染料。树干可作为木材供建筑用。种仁含淀粉，可酿酒或作为糊料、饲料。皮、枝叶、花蕾、花及种子均可入药。槐叶有清肝泻火、凉血解毒、燥湿杀虫的功效，可用于治疗小儿惊痫、肠风、壮热、尿血、痔疮、疥癣、湿疹、痈疮疔肿等；槐枝有散瘀止血、清热燥湿、祛风杀虫的功效，可用于治疗崩漏、赤白带下、痔疮、阴囊湿痒、心痛、目赤、疥癣等；槐根有散瘀消肿、杀虫等功效，可用于治疗痔疮、喉痹、蛔虫病等；槐角（果实）有凉血止血、清肝明目等功效，可用于治疗痔疮出血、肠风下血、血痢、崩漏、血淋、血热吐衄、肝热目赤、头晕目眩等。

【别称】 国槐、槐树、槐蕊、豆槐、白槐、细叶槐、金药树、护房树等。

【分类】 豆科（蝶形花科）槐属。

【形态特征】 茎直立，高达 25 米；树皮灰褐色，具纵裂纹。当年生枝绿色，无毛。羽状复叶长达

25 厘米；小叶 4—7 对，对生或近互生，纸质，卵状长圆形或卵状披针形，长 2.5—6 厘米，宽 1.5—3 厘米，先端渐尖。圆锥花序顶生，长达 30 厘米；花萼浅钟状，长约 4 毫米，萼齿 5，近等大，圆形或钝三角形，被灰白色短柔毛，萼管近无毛；蝶形花冠白色或淡黄色，也有栽培为紫色，旗瓣近圆形，长和宽约 11 毫米，具短柄，有紫色脉纹，先端微缺，基部浅心形，翼瓣卵状长圆形，长 10 毫米，宽 4 毫米，先端浑圆，基部斜戟形，无皱褶，龙骨瓣阔卵状长圆形，与翼瓣等长，宽达 6 毫米；雄蕊近分离，宿存；子房近无毛。荚果串珠状，长 2.5—5 厘米或稍长，径约 10 毫米，种子排列较紧密，具肉质果皮，成熟后不开裂，具种子 1—6 粒。种子卵球形，淡黄绿色，干后黑褐色。花期 6—7 月，果期 8—10 月。

【辨识要点】　株高可达 25 米。羽状复叶较大型；小叶 4—7 对，对生或近互生，纸质，卵状长圆形或卵状披针形。蝶形花冠白色或淡黄色，也有栽培为紫色。荚果串珠状。

【分布范围】　喜光，稍耐阴。集中栽种于中国北部、广东、台湾、甘肃、四川、云南等地也广泛种植，武汉作为行道树和园林景观。

龙爪槐

　　落叶乔木。树冠优美，花芳香，是行道树和优良的蜜源植物。花和荚果入药，有清凉收敛、止血降压的作用；叶和根皮有清热解毒的作用，可用于治疗疮毒；树干可作为木材供建筑用。国槐的芽变品种，本种由于生境不同，或由于人工选育结果，形态多变，产生许多变种和变型。

【别称】　垂槐、盘槐等。

【分类】　豆科　槐属。

【形态特征】　茎直立，高可达 25 米。羽状复叶长达 25 厘米；小叶 4—7 对，对生或近互生，纸质，卵状披针形或卵状长圆形，长 2.5—6 厘米，宽 1.5—3 厘米，先端渐尖，具小尖头，基部宽楔形或近圆形，稍偏斜。圆锥花序顶生，常呈金字塔形，长达 30 厘米；花萼浅钟状，长约 4 毫米，萼齿 5，近等大，圆形或钝三角形，被灰白色短柔毛，萼管近无毛；花冠白色或淡黄色，旗瓣近圆形，长和宽约 11 毫米，具短柄，有紫色脉纹，先端微缺，基部浅心形，翼瓣卵状长圆形，长 10 毫米，宽 4 毫米，先端浑圆，基部斜戟形，无皱褶，龙骨瓣阔卵状长圆形，与翼瓣等长，宽达 6 毫米；雄蕊近分离，宿存。荚果串珠状，长 2.5—5 厘米或稍长，径约 10 毫米，种子间缢缩不明显，种子排列较紧密，具肉质果皮，成熟后不开裂，具种子 1—6 粒；种子卵球形，淡黄绿色，干后黑褐色。花期 7—8 月，果期 8—10 月。

【辨识要点】　羽状复叶长，小叶 4—7 对，卵状披针形或卵状长圆形，荚果串珠状，种子间缢缩不明显。

【分布范围】　喜光，稍耐阴，能适应干冷气候。原产中国，南北各省区广泛栽培，华北和黄土高原地区尤为多见，武汉主要用于园林栽种，各种公共绿化用地多有栽种。

朱缨花

落叶灌木或小乔木。花色艳丽，花形美丽，是观赏性树种，多作为行道树。树皮可入药，有利尿，驱虫的功效。

【别称】美洲合欢、红合欢、红绒球等。

【分类】 豆科 朱缨花属。

【形态特征】 茎直立，株高 1—3 米。二回偶数羽状复叶，总叶柄长 1—2.5 厘米；小叶 7—9 对，长椭圆形，主脉不居中，长 2—4 厘米，宽 0.7—1.5 厘米。头状花序腋生，直径约 3 厘米（连花丝），有花 25—40 朵，总花梗长 1—3.5 厘米；花冠管长 3.5—5 毫米，淡紫红色，顶端具 5 裂片；雄蕊突露于花冠，非常显著，上部离生的花丝长约 2 厘米，深红色。荚果线状倒披针形，长 6—11 厘米，宽 0.5—1.3 厘米，暗棕色。种子 5—6 颗，棕色，长圆形，长 7—10 毫米，宽约 4 毫米。花期 8—9 月，果期 10—11 月。

【辨识要点】 二回偶数羽状复叶，头状花序腋生，淡紫红色。与合欢相似，但朱缨花为深红色或紫红色，合欢花为粉红色；花期较合欢晚。朱缨花的叶子卵状披针形，碧绿透亮，合欢花的叶子长圆形。

【分布范围】 热带花卉，喜光，喜温暖、湿润的环境，不耐寒。原产南美，现热带、亚热带地区常有栽培，武汉主要见于小区、公园、校园等公共区域栽种。

构树

落叶乔木。有速生、根系浅、侧根分布广、适应性强、易繁殖、耐修剪、抗污染性强等特点。叶经加工后可用于生产畜禽全价饲料。韧皮纤维为造纸的高级原料。全株含乳汁，根皮、树皮、叶、果实及种子均可入药。果与根共入药有补肾、利尿、强筋骨的功效。

【别称】 构桃树、构乳树、楮树、楮实子、谷木、谷浆树、假杨梅等。

【分类】 桑科 构属。

【形态特征】茎直立,树冠张开,高10—20米。叶螺旋状排列,广卵形至长椭圆状卵形,长6—18厘米,宽5—9厘米,先端渐尖,基部心形,两侧常不相等,边缘具粗锯齿,不分裂或3—5裂,小树之叶常有明显分裂,疏生糙毛,背面密被绒毛。花雌雄异株;雄花序为柔荑花序,长3—8厘米;雌花序球形头状。聚花果直径1.5—3厘米,成熟时橙红色,肉质;瘦果表面有小瘤,外果皮壳质。花期4—5月,果期6—7月。

【辨识要点】叶螺旋状排列,广卵形至长椭圆状卵形,不分裂或3—5裂;叶柄密被糙毛,基部折断后有白色乳浆。

【分布范围】喜光,适应性强,耐干旱瘠薄,也能生于水边,耐烟尘,抗大气污染力强。原产中国南北各地。缅甸、泰国、越南、马来西亚、日本、朝鲜等国也有,野生或栽培。中国广泛分布于黄河、长江和珠江流域地区,武汉地区常野生或栽于村庄附近的荒地、田园及沟旁。

金钱榕

常绿乔木。适应性强,是庭院或厅堂装饰摆放的常见观赏叶植物。广泛用于宾馆庭院、剧院前厅、大商场入口、办公室等处的绿化。

【别称】圆叶橡皮树等。

【分类】桑科 榕属。

【形态特征】茎直立,株高50—80厘米,多分枝。叶倒卵形,先端圆形,长1.5—5厘米,革质;叶面浓绿色,叶背淡黄色;叶缘有暗色腺体。隐头花序球形至洋梨形,单生,成熟后为黄色或略带红色。

【辨识要点】叶倒卵形,先端圆形,革质;叶面浓绿色,叶背淡黄色。

【分布范围】喜温暖、高湿,需阳光充足、空气通畅的环境,较耐寒,也耐阴。原产印度和马来西亚,在中国分布较广,大约有120多种。武汉主要见于温室栽培和室内栽培。

桑

落叶乔木或灌木。叶为桑蚕饲料,枝条可编箩筐,桑皮可作为造纸原料,桑椹可供食用、酿酒。叶、果和根皮可入药。桑叶有疏散风热、清肺明目的功效,可用于治疗风热感冒、温病初起、发热头痛、汗出恶风、咳嗽胸痛等。

【别称】桑树等。

【分类】桑科 桑属。

【形态特征】茎直立,高3—10米或更高。叶互生,卵形或广卵形,长5—15厘米,宽5—12厘米,先端急尖、渐尖或圆钝,基部圆形至浅心形,边缘锯齿粗钝,有时叶为各种分裂,表面鲜绿色,无毛,背面沿脉有疏毛,脉腋有簇毛;叶柄长1.5—5.5厘米,具柔毛。花单性,腋生或生于芽鳞腋内,与叶同

时生出；雄花序下垂，长 2—3.5 厘米，密被白色柔毛，花被片宽椭圆形，淡绿色；雌花序长 1—2 厘米，
被毛，总花梗长 5—10 毫米，被柔毛，雌花无梗，花被片倒卵形，顶端圆钝，外面和边缘被毛。聚花果
卵状椭圆形，长 1—2.5 厘米，成熟时红色或暗紫色。花期 4—5 月，果期 5—8 月。

【辨识要点】 叶互生，卵形或广卵形，先端急尖、渐尖或圆钝，基部圆形至浅心形，边缘锯齿粗钝，
有时叶为各种分裂。聚花果卵状椭圆形，成熟时红色或暗紫色。

【分布范围】 喜温暖、湿润的环境，稍耐阴。耐旱，不耐涝，耐瘠薄。原产中国中部和北部。朝鲜、日本、
蒙古、俄罗斯、欧洲等地以及印度、越南等均有栽培。中国东北至西南各省区、西北直至新疆均有栽培，
武汉可见于郊区、公园、小区栽种。

无花果

落叶小乔木或灌木。枝繁叶茂，树态优雅，具有较好的观赏价值，是良好的园林及庭院绿化观赏树种。
无花果除鲜食外，还可加工制干，制果脯、果酱、果汁、果茶、果酒、饮料、罐头等。无花果干无任何
化学添加剂，味道浓厚、甘甜。无花果汁具有独特的清香味，生津止渴，老幼皆宜。无花果可药用，有
健脾开胃、清热生津、解毒消肿等功效，用于治疗咽喉肿痛、声嘶燥咳、乳汁稀少、食欲不振、消化不良、
肠热便秘、泄泻痢疾、痈肿、癣疾等。

【别称】 阿驵、阿驿、映日果、优昙钵、蜜果、文仙果、奶浆果、品仙果、红心果等。

【分类】 桑科 榕属。

【形态特征】茎直立，高3—10米，多分枝。叶互生，厚纸质，广卵圆形，长宽近相等，10—20厘米，通常3—5裂，小裂片卵形，边缘具不规则钝齿，表面粗糙，背面密生细小钟乳体及灰色短柔毛，基部浅心形，基生侧脉3—5条，侧脉5—7对；叶柄长2—5厘米，粗壮；托叶卵状披针形，长约1厘米，红色。雌雄异株，雄花和瘿花同生于一榕果内壁，靠昆虫进入内壁爬行授粉；雄花生内壁口部，花被片4—5，雄蕊3，有时1或5，瘿花花柱侧生，短；雌花花被与雄花同，子房卵圆形，光滑，花柱侧生，柱头2裂，线形。果实单生叶腋，大而梨形，直径3—5厘米，顶部下陷，成熟时紫红色或黄色，基生苞片3，卵形；瘦果透镜状。花果期5—7月。

【辨识要点】叶互生，厚纸质，广卵圆形，长宽近相等，通常3—5裂，小裂片卵形，边缘具不规则钝齿，表面粗糙，背面密生细小钟乳体及灰色短柔毛，基部浅心形，叶柄基部折断后有白色乳浆。

【分布范围】喜温暖、湿润的环境，耐瘠，抗旱，不耐寒，不耐涝。以向阳、土层深厚、疏松肥沃、排水良好的砂质壤土或黏质壤土栽培为宜。原产地中海沿岸，分布于土耳其至阿富汗。中国唐代即传入，现南北均有栽培，新疆南部尤多，武汉常见于公园绿植，小区内私人栽种较多。

印度榕

常绿乔木。属赏叶植物，可用于室内盆栽观赏，也可栽入庭园，独木成林。

【别称】橡皮树、印度胶树等。

【分类】桑科　榕属。

【形态特征】茎直立，高达20—30米，胸径25—40厘米；树皮灰白色，平滑。叶厚革质，长圆形至椭圆形，长8—30厘米，宽7—10厘米，先端急尖，基部宽楔形，全缘，表面深绿色，光亮，背面浅绿色，侧脉多，不明显，平行展出；叶柄粗壮，长2—5厘米。

雄花、瘿花、雌花同生于榕果内壁；雄花具柄，散生于内壁，花被片4，卵形，雄蕊1枚，花药卵圆形，不具花丝；瘿花花被片4，子房光滑，卵圆形，花柱近顶生，弯曲；雌花无柄。果实成对生于已落叶枝的叶腋，卵状长椭圆形，长10毫米，直径5—8毫米，黄绿色。瘦果卵圆形，表面有小瘤体，花柱长，宿存，柱头膨大，近头状。花期冬季。

【辨识要点】叶厚革质，长圆形至椭圆形，全缘，表面深绿色，光亮，背面浅绿色，平行侧脉不明显。

【分布范围】喜温暖、湿润的环境，对光线的适应性较强。多为人工栽种或温室栽种。原产不丹、尼泊尔、印度东北部（阿萨姆）、缅甸、马来西亚、印度尼西亚和中国云南。世界各地均有栽培。中国云南（瑞丽、盈江、莲山、陇川）在800—1500米处有野生，武汉多见于温室栽培和室内种植，主要作为绿植摆放。

大叶垂榆

落叶乔木。园林观赏树种。树皮磨制后可作粗粮；枝皮纤维可作编织和造纸原料；果实与面粉混合后可蒸食；叶可作饲料；树皮、叶及翅果均可入药，有安神、利小便的功效。

【别称】 垂枝榆、龙爪榆等。

【分类】 榆科 榆属。

【形态特征】 茎直立，高可达 25 米，胸径 1 米，枝条长成后下垂。叶互生，长椭圆形或椭圆状披针形，长 2—8 厘米，宽 1.2—3.5 厘米，先端渐尖，基部稍偏斜，羽状网脉，叶缘具锯齿状缺刻。花先叶而开，叶腋处簇生。翅果近圆形，长 1.2—2 厘米，果核部分位于翅果的中部，初淡绿色，成熟后淡黄色。花果期 3—6 月。

【辨识要点】 枝条长成后下垂。叶互生，长椭圆形或椭圆状披针形，花先叶而开，叶腋处簇生。翅果近圆形。

【分布范围】 喜光，耐寒，抗旱。中国东北、西北、华北、华中等地均有分布，武汉常见于庭院、园林绿化栽种。

榔榆

落叶乔木。榔榆木质坚硬，可作为工业用材；茎皮纤维强韧，可用于制作绳索；根、皮、嫩叶入药，有消肿止痛、解毒治热的功效，外敷治水火烫伤；叶制土农药，可杀红蜘蛛。

【别称】 小叶榆等。

【分类】 榆科 榆属。

【形态特征】 茎直立，株高达 25 米，胸径可达 1 米，树冠广圆形。叶互生，长椭圆形或披针状卵形，质地厚，叶缘有锯齿状缺刻；叶面深绿色，有光泽，叶背色较浅；中脉凹陷处有疏柔毛，侧脉每边 10—15 条。花秋季开放，3—6 数在叶脉簇生或排成簇状聚伞花序，花被上部杯状，下部管状，花被片 4，深裂至杯状花被的基部或近基部，花梗极短，被疏毛。翅果椭圆形或卵状椭圆形，长 10—13 毫米，宽 6—8 毫米，除顶端缺口柱头面被毛外，余处无毛，果翅

稍厚，基部的柄长约 2 毫米，两侧的翅较
果核部分为窄，果核部分位于翅果的中上
部。花果期 8—10 月。

【辨识要点】 叶互生，长椭圆形或披
针状卵形，叶缘有锯齿状缺刻；叶面深绿色，
有光泽，叶背色较浅。翅果椭圆形或卵状
椭圆形。

【分布范围】 喜光，耐干旱。分布于
中国华北、华东、华中、华南及沿海、西
南等地。日本、朝鲜也有分布。武汉常见
于庭院、公园、小区栽种。

肉桂

中等大常绿乔木。树皮常被用作香料、烹饪材料及药材。肉桂木材可用于制造家具。肉桂也可作为
园林绿化树种。树皮、桂枝、桂子可入药。树皮有温中补肾、散寒止痛的功效，可用于治疗腰膝冷痛、
虚寒胃痛、慢性消化不良、腹痛吐泻、受寒经闭等；桂枝有发汗解肌、温通经脉等功效，可用于治疗外感、
风寒、肩臂肢节酸痛等；桂子可治虚寒胃痛。

【别称】 中国肉桂、玉桂、牡桂等。

【分类】 樟科 樟属。

【形态特征】 茎直立，树皮灰褐色，老树皮厚达 13 毫米。叶互生或近对生，长椭圆形至近披针形，
革质，长 8—16 厘米，宽 4—5.5 厘米，先端稍急尖，基部急尖，边缘软骨质，上面绿色，有光泽，无毛，
下面淡绿色，晦暗，疏被黄色短绒毛，离基三出脉，
侧脉近对生；叶柄粗壮，长 1.2—2 厘米。圆锥花序
腋生或近顶生，长 8—16 厘米，三级分枝，分枝末
端为 3 花的聚伞花序；花白色，长约 4.5 毫米；花梗
长 3—6 毫米，被黄褐色短绒毛。花被裂片卵状长圆形，
近等大，长约 2.5 毫米，宽 1.5 毫米，先端钝或近锐尖。
果椭圆形，长约 1 厘米，宽 7—8 毫米，成熟时黑紫色，
无毛。花期 6—8 月，果期 10—12 月。

【辨识要点】 叶互生或近对生，长椭圆形至近
披针形，革质，有光泽，离基三出脉，侧脉近对生。
果椭圆形，成熟时黑紫色。

【分布范围】 喜温暖气候，适合生长于亚热带
地区无霜的环境。原产中国。印度、老挝、越南至
印度尼西亚等国也有，但大都为人工栽培。中国广东、
广西、福建、台湾、云南等地区广为栽培，其中尤

以广西栽培为多，武汉常见于室内绿植。

香樟

常绿乔木。常见的行道树种和城市绿化树种，对氯气、二氧化硫、臭氧及氟气等具有抗性。樟树树干可作为木材用于器物制造。全株具特殊芳香，可驱蚊防蛀，是生产樟脑的主要原料。树干及根、枝、叶可提取樟脑和樟油；根、果、枝和叶可入药，有强心镇痉、祛风散寒、杀虫等功能。

【别称】 樟、木樟、乌樟、栳樟、瑶人柴、臭樟等。

【分类】 樟科 樟属。

【形态特征】 茎直立，株高可达 30 米，直径可达 3 米。叶互生，长椭圆形，长 5—10 厘米，宽 3.5—5.5 厘米，离基三出脉，脉腋有腺点，揉碎后香气浓郁，薄革质，具光泽。圆锥花序腋生，花黄绿色，花瓣 6。果实近球形，成熟后紫黑色。花期 4—6 月，果期 10—11 月。

【辨识要点】 叶互生，长椭圆形，薄革质，具光泽，离基三出脉，脉腋有腺点，揉碎后香气浓郁。

【分布范围】 喜光照充足、温暖、湿润的环境，稍耐阴。日本、越南、朝鲜有分布，世界各地都有引种栽培。中国主要分布于南方及西南地区，武汉主要作为行道树和公共区域绿化，常大面积栽种。

鱼尾葵

乔木状常绿植物。树姿优美，叶片翠绿，有不规则的齿状缺刻，酷似鱼尾，是优良的室内大型盆栽树种，可作庭园绿化植物，也可用于布置客厅、会场、餐厅等。羽叶可剪作切花配叶；茎含大量淀粉，可作桄榔粉的代用品；边材坚硬，可制作成手杖、筷子及工艺品。

【别称】 假桄榔、青棕、钝叶、假桃榔等。

【分类】 棕榈科 鱼尾葵属。

【形态特征】 茎绿色，直立不分枝，高 10—15 米，直径 15—35 厘米，被白色的毡状绒毛，具环状叶痕。叶大型，长 3—4 米，二回羽状全裂，羽片长 15—60 厘米，宽 3—10 厘米，互生，罕见顶部近对生，上部有不规则齿状缺刻，先端下垂，酷似鱼尾；幼叶近革质，老叶厚革质；最上部的羽片大，楔形，先端 2—3 裂，侧边的羽片小，菱形，外缘笔直，内缘上半部或 1/4 以上弧曲呈不规则的齿缺，且延伸呈短尖或尾尖。肉穗花序下垂，具多数穗状的分枝花序，长 1.5—2.5 米，最长可达 3 米，花 3 朵簇生，小花黄色；雄花花萼与花瓣不被脱落性的毡状绒毛，萼片宽圆形，长约5毫米，宽6毫米，盖萼片小于被盖的侧萼片，表面具疣状凸起，边缘不具半圆齿，无毛，花瓣椭圆形，长约2厘米，宽8毫米，黄色；雌花花萼长约3毫米，宽5毫米，顶端全缘，花瓣长约5毫米；退化雄蕊3枚，钻状，为花冠长的1/3倍。果实球形，成熟时红色，直径1.5—2厘米。种子1颗，罕为2颗。果实、浆液与皮肤接触能导致皮肤瘙痒。花期5—7月，果期8—11月。

【辨识要点】 叶大型，二回羽状全裂，叶片革质，上部有不规则齿状缺刻，先端下垂，酷似鱼尾。

【分布范围】 喜温暖、湿润的环境，喜疏松、肥沃、富含腐殖质的中性土壤，不耐干旱瘠薄，也不耐水涝。产于中国福建、广东、海南、广西、云南等地区。生于海拔450—700米的山坡或沟谷林中。亚热带地区有分布。武汉常见于室内盆栽。

棕榈

常绿乔木。棕皮纤维可作棕绷、绳索、地毡，可编蓑衣，或用作沙发的填充料等；嫩叶可制草帽和扇；花苞可供食用；果实、叶、花、根、棕皮及叶柄可入药，有止血收敛的功效，可用于治疗各种出血。

【别称】 棕树、唐棕、中国扇棕、拼棕、山棕等。

【分类】 棕榈科 棕榈属。

【形态特征】 茎直立，高3—10米或更高，树干圆柱形，直径10—15厘米或更粗；老叶柄基部密集网状纤维，不能自行脱落。叶密生茎顶部，近圆形，30—50深裂，每裂呈皱折线状剑形，宽2.5—4厘米，长60—70厘米，先端具短2裂或2齿；硬革质，具光泽；叶柄长75—80厘米或更长。雌雄异株，花序粗壮，腋生；雄花序长约40厘米，花黄绿色，卵球形，花瓣阔卵形；雌花序长80—90厘米，花淡绿色，通常2—3朵聚生。果宽肾形，长11—12毫米，宽7—9毫米，成熟后淡蓝色。花期4月，果期12月。

【辨识要点】 叶形如蒲扇。叶密生茎顶部，近圆形，30—50深裂，每裂呈皱折线状剑形，先端具短2裂或2齿；硬革质，具光泽。

【分布范围】 喜温暖、湿润的环境，极耐寒、耐旱，较耐阴，原产中国，日本、印度、缅甸也有。中国几乎全国都有分布或栽培，武汉常见于公共区域绿化种植。

红枫

落叶小乔木，为槭树科鸡爪槭的变型。亚热带树种。枝叶为紫红色，艳丽夺目，层次分明，错落有致，树姿美观，是我国重要彩色树种。观赏价值非常高。

【别称】 红鸡爪槭、红枫树、红叶、小鸡爪槭等。

【分类】 无患子科 槭属。

【形态特征】 茎直立，株高2—4米。单叶交互对生，常丛生于枝顶；叶掌状深裂，5—9裂深至叶基，裂片披针形或长卵形，叶缘锐锯齿；春、秋季叶红色，夏季

叶紫红色，嫩叶红色，老叶终年紫红色。伞房花序顶生，杂性花。翅果，幼时紫红色，成熟时黄棕色，果核球形。花期4—5月，果熟期10月。

【辨识要点】 单叶交互对生，常丛生于枝顶；叶掌状深裂，5—9裂深至叶基，裂片披针形或长卵形，叶缘锐锯齿；春、秋季叶红色，夏季叶紫红色；嫩叶红色，老叶终年紫红色。翅果。

【分布范围】 喜湿润、温暖的气候和凉爽的环境，较耐阴、耐寒，忌烈日暴晒，但春、秋季能在全光照下生长。日本、韩国等均有分布。我国主要分布在亚热带地区，特别是长江流域，全国大部分地区均有栽培。武汉常见于庭院、公园、小区、校园栽种。

鸡爪槭

落叶小乔木。叶形美观，秋季变为鲜红色，是优良的观叶树种。枝、叶可入药，有行气止痛、解毒消痈的功效，常用于治疗气滞腹痛、痈肿发背等。

【别称】 鸡爪枫、七角枫等。

【分类】 无患子科 槭属。

【形态特征】 茎直立，株高 1.5—2 米。
叶纸质，外轮廓近圆形，直径 6—10 厘米；
掌状分裂 5—9，通常 7，裂深达叶片直径
的 1/2 或 1/3，裂片披针形或长椭圆形，先
端长锐尖或锐尖，边缘具锯齿状缺刻。伞
房花序，叶后而花；花紫色，花瓣 5，倒卵
形或椭圆形，长约 2 毫米。翅果嫩时紫红色，
成熟时淡棕黄色。翅果长 2—2.5 厘米，宽
1 厘米，两翅张开成钝角。花期 5 月，果期
9 月。

【辨识要点】 叶纸质，外轮廓近圆形，掌状分裂 5—9，通常 7，裂深达叶片直径的 1/2 或 1/3，边
缘具锯齿状缺刻。翅果；两翅张开成钝角。

【分布范围】 喜阳光充足的环境，忌曝晒，较耐阴。中国主要分布于华东、华中等地区。日本和朝
鲜也有分布。武汉多见于庭院、小区等公共区域绿化、园林栽种。

三角槭

落叶乔木。庭荫树、行道树及护岸树种，也可栽作绿篱。根可入药，可用于治疗风湿关节痛。根皮、
茎皮有清热解毒、消暑的功效。

【别称】 三角枫等。

【分类】 无患子科 槭属。

【形态特征】 茎直立，株高 5—10 米，稀达 20 米。树皮褐色或深褐色，粗糙。叶纸质，整体轮廓
倒卵形或椭圆形，长 6—10 厘米，掌状三浅裂，中央裂片三角卵形，急尖、锐尖或短渐尖；侧裂片短钝
尖或甚小；裂片边缘通常全缘，稀具少数锯齿；叶柄长 2.5—5 厘米，淡紫绿色，细瘦，无毛。伞房花序
顶生，直径约 3 厘米，总花梗长 1.5—2 厘米；萼片 5，黄绿色，卵形，长约 1.5 毫米；花瓣 5，淡黄色，
狭窄披针形或匙状披针形，先端钝圆，长约 2 毫米。翅果黄褐色；小坚果特别凸起，直径 6 毫米；翅与
小坚果共长 2—2.5 厘米，稀达 3 厘米，宽
9—10 毫米，中部最宽，基部狭窄，张开成
锐角或近于直立。花期 4 月，果期 8 月。

【辨识要点】 叶纸质，整体轮廓倒卵
形或椭圆形，掌状三浅裂，中央裂片三角
卵形，急尖、锐尖或短渐尖；侧裂片短钝
尖或甚小；裂片边缘通常全缘，稀具少数
锯齿。翅果黄褐色；小坚果特别凸起。

【分布范围】 弱阳性树种，喜温暖、
湿润环境及中性至酸性土壤，稍耐阴，耐寒，

较耐水湿，萌芽力强，耐修剪。产中国长江中下游地区，黄河流域有栽培，多生于山谷及溪沟两旁，武汉常见于公园、庭院及园林栽种。

栾树

落叶乔木。常用作庭园观赏和行道树。木材可制家具、提制栲胶；叶可提炼创作蓝色染料；花可提炼创作黄色染料，亦可供药用，有清肝明目的功效，主治目赤肿痛、多泪等；种子可制工业用油。

【别称】 石栾树、栾华、木栾、乌拉、乌拉胶、黑叶树等。

【分类】 无患子科 栾树属。

【形态特征】 茎直立，株高可达 10 米左右。羽状复叶，偶有二回，整体轮廓长 50 厘米左右；小叶对生或互生，长椭圆形或卵状披针形，长 5—10 厘米，宽 3—6 厘米；纸质；叶缘有不规则锯齿状缺刻，齿端尖锐。聚伞圆锥花序长 25—40 厘米；花黄色，花瓣 4，长圆形线状，长 5—9 毫米；花瓣基部鳞片开花时为红色或橙红色。蒴果 3 棱，果瓣近卵形，成熟后类膜状，长 4—6 厘米。种子近球形，直径 6—8 毫米。花期 6—8 月，果期 9—10 月。

【辨识要点】 羽状复叶，小叶对生或互生，长椭圆形或卵状披针形。蒴果 3 棱，果瓣近卵形，成熟后类膜状。

【分布范围】 喜光，耐寒，忌涝。产中国华北及华中大部分省区，世界各地有栽培，武汉主要作为行道树栽种。

垂柳

落叶乔木。对有毒气体有一定抗性，常作为行道树种。叶可作羊饲料，枝条可编制器物，木材可制家具，树皮可提制栲胶。

【别称】 柳树、杨柳等。

【分类】 杨柳科 柳属。

【形态特征】 茎直立，高可达 12—18 米，枝纤细柔弱，下垂。叶互生，长披针形，长 9—16 厘米，宽 0.5—1.5 厘米，叶缘具细锯齿状缺刻。花先叶开放或与叶同时开放；柔荑花序，雄花序长 1.5—2 厘米，雌花序长 2—3 厘米。蒴果长 3—4 毫米，具白色棉絮状冠状毛。花期 3—4 月，果期 4—5 月。

【辨识要点】 枝纤细柔弱，下垂。叶互生，长披针形。花先叶开放或与叶同时开放。蒴果具白色棉絮状冠状毛。

【分布范围】 喜光及温暖、湿润的环境。中国主要分布于华东、华中等地，武汉常见于庭院、小区、校园、堤坝栽种。

意杨

落叶大乔木。生长快速，树干挺直，枝条开展，叶大荫浓，宜作防风林，多作绿荫树和行道树。

【别称】 意大利杨、意大利 214 杨等。

【分类】 杨柳科 杨属。

【形态特征】 茎直立，树冠长卵形。树皮灰褐色，浅裂。叶片三角形或卵圆形，基部心形，有 2—4 腺点，叶长略大于宽，叶深绿色，质较厚；叶柄扁平。

【辨识要点】 叶片三角形或卵圆形，

基部心形。

【分布范围】 喜湿润、肥沃、深厚的砂质壤土和温暖环境。原产意大利，我国 1958 年从德国引入，1965 年又从罗马尼亚引入，1972 年再由意大利引进。武汉主要用作行道树。

桂花

常绿乔木或灌木。花香芬芳隽永，香气扑鼻，观赏性强，是中国传统名花。根据花色可分为金桂、银桂、丹桂等；根据花期可分为八月桂、四季桂、月月桂等。花可用作糕点、饮料的香料，根、花、果有散寒、祛风湿、化痰止咳、暖胃平肝的功效，可用于治疗牙痛、咳喘痰多、经闭腹痛、风湿筋骨痛、腰痛、肾虚牙痛等。

【别称】 木樨、岩桂、九里香、金粟等。

【分类】 木樨科 木樨属。

【形态特征】 茎直立，株高 3—5 米，最高可达 18 米。叶革质，长椭圆形或椭圆状披针形，长 7—14.5 厘米，宽 2.6—4.5 厘米，先端渐尖，上半部有细锯齿或全缘。聚伞花序簇生于叶腋；花萼长约 1 毫米，裂片稍不整齐；花冠淡黄色、黄色或橘红色，长 3—4 毫米。果歪斜，椭圆形，长 1—1.5 厘米，紫黑色。花期 9 月至 10 月上旬，果期翌年 3 月。依品种不同，可每 2 个月或 3 个月开花。

【辨识要点】 叶革质，长椭圆形或椭圆状披针形。聚伞花序簇生于叶腋；花冠淡黄色、黄色或橘红色；花香浓郁。

【分布范围】 喜温暖、湿润、阳光充足、通风透光的环境，较耐阴，适应亚热带气候。尼泊尔、印度、柬埔寨有分布。中国淮河以南广泛栽种，西南、华中等地有野生生长，武汉多见于公园、小区、校园等公共区域栽种。

女贞

常绿灌木或乔木。属亚热带树种，常用于绿化、观赏，可于庭院孤植或丛植，常作为行道树和绿篱。叶可蒸馏提取冬青油，作为甜食和牙膏等的添加剂。成熟果实晒干为中药材，性凉，味甘苦，有滋养肝肾、强腰膝、乌须明目的功效，可用于治疗眩晕耳鸣，腰膝酸软、目暗不明、耳鸣耳聋、须发早白等。

【别称】白蜡树、冬青、蜡树、将军树、万年青等。

【分类】 木樨科 女贞属。

【形态特征】茎直立，株高可达25米，树皮灰褐色，枝黄褐色、灰色或紫红色。叶长卵形或卵形、椭圆形至宽椭圆形，常绿，革质，长6—17厘米，宽3—8厘米，先端锐尖至渐尖或钝，两面无毛，上面光亮，中脉在上面凹入，下面凸起，叶柄长1—3厘米。圆锥花序顶生，长8—20厘米，宽8—25厘米；花多为白色，无梗或近无梗，花冠长4—5毫米，花冠管长1.5—3毫米。果肾形或近肾形，长7—10毫米，径4—6毫米，深蓝黑色，成熟时呈红黑色，被白粉。花期5—7月，果期7月至翌年5月。

【辨识要点】 叶长卵形或卵形、椭圆形至宽椭圆形，常绿，革质。果肾形或近肾形，深蓝黑色，成熟时呈红黑色，被白粉。

【分布范围】 原产中国，广泛分布于长江流域及其以南地区，华北、西北地区及两广、福建等地也有栽培，是园林绿化中应用较多的乡土树种。武汉常作为行道树和绿篱。

乌桕

落叶乔木，春秋季叶色红艳，有很高的观赏价值。树干是优良的木材。种子含油，可用于制造油漆、油墨、蜡烛、香皂、蜡纸等。乌桕根皮、树皮、叶可入药，有解毒、杀虫、利尿、通便等功效，可用于治疗血吸虫病、肝硬化腹水、大小便不利、毒蛇咬伤等，外用可治疗疔疮、跌打损伤、鸡眼、皮炎、湿疹、乳腺炎等。

【别称】 腊子树、柏子树、木子树等。

【分类】 大戟科 乌桕属。

【形态特征】 茎直立，高可达15米，各部均无毛。叶互生，纸质，叶片菱形、菱状卵形，稀菱状倒卵形，长3—8厘米，宽3—9厘米，顶端骤然紧缩具长短不等的尖头，基部阔楔形或钝，全缘；中脉两面微凸起，侧脉6—10对，纤细，斜上升，离缘2—5毫米弯拱网结，网状脉明显；叶柄纤细，

长2.5—6厘米。花单性，雌雄同株，聚集成顶生、长6—12厘米的总状花序；雄花花梗纤细，长1—3毫米，向上渐粗；苞片阔卵形，长和宽近相等，约2毫米，顶端略尖，每一苞片内具10—15朵花；花萼杯状，三浅裂，具不规则的细齿；雌花花梗粗壮，长3—3.5毫米；苞片深三裂，裂片渐尖，每一苞片内仅1朵雌花，间有1雌花和数雄花同聚生于苞腋内；花萼三深裂，裂片卵形至卵头披针形，顶端短尖至渐尖。蒴果梨状球形，成熟时黑色，直径1—1.5厘米。具3种子。种子扁球形，黑色，长约8毫米，宽6—7毫米，外被白色、蜡质的假种皮。花期4—8月。

【辨识要点】　叶片菱形、菱状卵形，稀菱状倒卵形，深秋叶色变为深红，十分美观。

【分布范围】　喜光，对光照、温度均有一定的要求，对土壤的适应性较强，是抗盐性强的乔木树种之一。多生于旷野、塘边或疏林中。分布于日本、越南、印度，欧洲、美洲和非洲亦有栽培。中国分布于黄河以南各省区，北达陕西、甘肃，武汉多见于行道树和公共区域的绿植。

剑叶龙血树

常绿乔木。观赏类植物。叶可药用，用于治疗吐血、咳血、衄血、便血、哮喘、小儿疳积、月经过多、痔疮出血、赤白痢疾、跌打损伤及外伤出血等；树脂药用，可提取中医传统外伤用药——龙血竭。龙血竭有止血、活血和补血等三大功效，是治疗内外伤出血的重要药品，也可治疗各种感染，还可用于治疗跌打损伤、瘀血作痛、妇女气血凝滞、外伤出血、脓疮久不收口等。

【别称】　柬埔寨龙血树等。

【分类】　天门冬科 龙血树属。

【形态特征】　茎直立，粗大，高可达5—15米，分枝多；树皮灰白色，光滑，老干皮部灰褐色，片状剥落，幼枝有环状叶痕。叶聚生在茎、分枝或小枝顶端，互相套叠，剑形，薄革质，长50—100厘米，宽2—5厘米，无柄。圆锥花序长40厘米以上，花序轴密生乳突状短柔毛，幼嫩时更甚；花每2—5朵簇生，乳白色；花被片长6—8毫米，下部1/5—1/4合生。浆果直径8—12毫米，橘黄色，具1—3颗种子。花期3月，果期7—8月。

【辨识要点】　幼枝有环状叶痕。叶聚生在茎、分枝或小枝顶端，互相套叠，剑形，薄革质。

【分布范围】　强耐旱，是强阳性的喜钙植物。生于地形开阔、光照充足、海拔1700米以下的石灰岩峰林或孤峰顶部。分布于越南、老挝。中国分布于广西、云南，呈间断分布于北热带，形成远隔而狭窄的两个小区，武汉地区常见于温室栽种和室内绿植。

喜树

高大落叶乔木。是一种速生丰产的优良树种。1999年8月，被列为国家重点保护野生植物名录（第一批），保护级别为Ⅱ级。果实、根、树皮、树枝、叶均可入药：叶主要用于治疗痈疮疖肿、疮痈初起；树皮可用于治疗牛皮癣；果有抗癌、散结、破血化瘀的功效，可用于治疗多种肿瘤。

【别称】旱莲、水栗、水桐树、天梓树、旱莲木、千丈树等。

【分类】蓝果树科 喜树属。

【形态特征】茎直立，高可达20余米。叶互生，纸质，矩圆状卵形或矩圆状椭圆形，长12—28厘米，宽6—12厘米，顶端短锐尖，基部近圆形或阔楔形，全缘，上面亮绿色，下面淡绿色，疏生短柔毛，叶脉上更密，中脉在上面微下凹，在下面凸起，侧脉11—15对，在上面显著，在下面略凸起；叶柄长1.5—3厘米，上面扁平或略呈浅沟状，下面圆形，幼时有微柔毛，其后几无毛。头状花序近球形，直径1.5—2厘米，常由2—9个头状花序组成圆锥花序，顶生或腋生，通常上部为雌花序，下部为雄花序，总花梗圆柱形，长4—6厘米，幼时有微柔毛，其后无毛；花杂性，同株；花瓣5枚，淡绿色，矩圆形或矩圆状卵形，顶端锐尖，长2毫米，外面密被短柔毛，早落；花盘显著，微裂。翅果矩圆形，长2—2.5厘米，顶端具宿存的花盘，两侧具窄翅，幼时绿色，干燥后黄褐色，着生成近球形的头状果序。花期5—7月，果期9月。

【辨识要点】叶互生，纸质，矩圆状卵形或矩圆状椭圆形。头状果序近球形。

【分布范围】喜温暖、湿润的环境，不耐严寒和干燥。产中国江苏南部、浙江、福建、江西、湖北、湖南、四川、贵州、广东、广西、云南等地区，在四川西部成都平原和江西东南部均较常见，武汉多见于公园、小区的绿化种植。

悬铃木

落叶乔木。优良的行道树种，对多种有毒气体有较强抗性。果可入药。中国多为二球悬铃木（挂果两个，为单球悬铃木与三球悬铃木的杂交种），常被误认为梧桐。

【别称】法国梧桐、法桐等。

【分类】悬铃木科 悬铃木属。

【形态特征】茎直立，高可达35米。叶互生，整体轮廓阔卵形，长9—15厘米，宽9—17厘米，深掌状分裂3—5，叶缘具波状缺刻和不规则尖齿；柄下芽。头状花序球形，直径2.5—3.5厘米。球果下垂，通常2球一串，坚果基部具长毛。花期4—5月，果期9—10月。

【辨识要点】 叶互生，纸质，整体轮廓阔卵形，深掌状分裂 3—5，叶缘具波状缺刻和不规则尖齿。柄下芽，把叶柄掰开后可见芽。

【分布范围】 喜阳光充足、温暖、湿润的环境，较耐寒。原产美洲、东南欧和印度。中国各地均有栽培，武汉主要作为速生行道树。

昆士兰伞木

常绿乔木。叶片阔大，柔软下垂，形似伞状，株形优雅轻盈，易于管理，适合放置于客厅的墙隅或沙发旁边，是室内理想的观叶植物。

【别称】 昆石兰遮树、澳洲鸭脚木、伞树、大叶伞、辐叶鹅掌柴等。

【分类】 五加科 鹅掌柴属。

【形态特征】 茎直立，高可达 30—40 米，干光滑，少分枝，初生嫩枝绿色，后呈褐色，平滑，逐渐木质化。掌状复叶，长 20—30 厘米，宽 10 厘米；小叶数随树木的年龄而异，幼年时 3—5 片，长大时 9—12 片，至乔木状时可多达 16 片；革质，叶面浓绿色，有光泽，叶背淡绿色。叶柄红褐色，长 5—10 厘米。花为圆锥状花序，花小型。浆果，圆球形，熟时紫红色。

【辨识要点】 掌状复叶，小叶数随树木的年龄而异，幼年时 3—5 片，长大时 9—12 片，至乔木状时可多达 16 片；叶片革质，浓绿色，有光泽。

【分布范围】 喜温暖、湿润、通风和明亮光照的环境，适合排水良好、富含有机质的砂质壤土。原产澳大利亚及太平洋中的一些岛屿。我国南部热带地区有分布，武汉主要见于温室栽培和室内绿植。

杜英

常绿乔木。园林观赏和行道树种。树皮可作染料；果实可食用；种子含油，可制皂和润滑油。根可入药，有散瘀消肿的功效，可用于治疗跌打、损伤、瘀肿等。

【别称】 野橄榄、杨梅、青果、胆八树、缘瓣杜英、橄榄等。

【分类】 杜英科 杜英属。

【形态特征】 茎直立，高可达15米。叶互生，长椭圆形、披针形或倒披针形，叶缘有小钝齿状缺刻，革质。总状花序多腋生；花白色，花瓣倒卵形，长5.5毫米，上半部撕裂。核果椭圆形，长2—2.5厘米，宽1.3—2厘米。花期6—7月。

【辨识要点】 叶互生，长椭圆形、披针形或倒披针形，叶缘有小钝齿状缺刻，革质。

【分布范围】 喜温暖、潮湿的环境，稍耐寒、耐阴。中国南部及贵州南部均有分布，武汉常见于园林绿化和行道栽种。

枣

落叶小乔木，稀灌木。果实可鲜食，也可制作蜜饯和果脯，还可用作烹饪材料。枣可供药用，有养胃、健脾、益血、滋补、强身之效。枣仁和根均可入药，枣仁可以安神，为重要药品。

【别称】 枣子、大枣、刺枣、贯枣等。

【分类】 鼠李科 枣属。

【形态特征】 茎直立，高可达10余米。叶卵状椭圆形，纸质，长3—7厘米，宽1.5—4厘米，叶缘有圆齿状缺刻，托叶刺状，常脱落。聚伞花序腋生；花两性，5 基数，黄绿色；萼片三角形卵状；花瓣倒卵圆形，与雄蕊等长。核果长卵圆形，长 2—3.5 厘米，直径 1.5—2 厘米，成熟时红色或深红色。花期 5—7 月，果期 8—9 月。

【辨识要点】　叶卵状椭圆形，纸质，叶缘有圆齿状缺刻，托叶刺状，常脱落。核果长卵圆形，成熟时红色或深红色。

【分布范围】　生长于海拔 1700 米以下的山区，丘陵或平原。原产中国，亚洲、欧洲和美洲常有栽培。中国主要分布于东北、西北、华中、西南、华东等地，武汉常见于庭院种植。

枫香树

落叶乔木。木材可用于制造家具。具有很强的观赏性，常作为行道树和园林树种。可改善土地质量，避免水土过度流失，净化空气质量，有很好的环保作用。树脂可供药用，有解毒止痛、止血生肌的功效；根、叶及果实亦可入药，有祛风除湿、活血通络的功效。

【别称】　路路通、山枫香树等。

【分类】　金缕梅科 枫香树属。

【形态特征】　茎直立，株高达 30 米，胸径最大可达 1 米，树皮灰褐色。叶薄革质近纸质，整体轮廓阔卵形，掌状 3 裂，中央裂片较长，先端尾状渐尖；两侧裂片平展；基部心形。花两性，雄性花短穗状花序，常多个排成总状；雌性花头状花序，小花 24—43 朵，花序柄长 3—6 厘米。头状果序圆球形，木质，直径 3—4 厘米；蒴果下半部藏于花序轴内。种子多数，褐色，多角形或有窄翅。

【辨识要点】　叶薄革质近纸质，整体轮廓阔卵形，掌状 3 裂，中央裂片较长，先端尾状渐尖；两侧裂片平展；基部心形。

【分布范围】　喜温暖、湿润环境，喜光，耐干旱瘠薄土壤，不耐水涝。产于中国秦岭及淮河以南各省，越南北部、老挝及朝鲜南部也有分布。武汉常见于庭院、公园、小区、校园栽种，也见于行道树。

柚

常绿乔木。果实为常见水果，果肉富含维生素 C，有消食、解酒毒的作用。

【别称】 文旦、香栾、朱栾、内紫等。

【分类】 芸香科 柑橘属。

【形态特征】 茎直立，嫩枝、叶背、花梗、花萼及子房均被柔毛，嫩叶通常为暗紫红色，嫩枝扁且有棱。单身复叶，叶质颇厚，色浓绿，阔卵形或椭圆形，连翼叶长 9—16 厘米，宽 4—8 厘米，或更大，顶端钝或圆，有时短尖，基部圆，翼叶长 2—4 厘米，宽 0.5—3 厘米，个别品种的翼叶甚狭窄。总状花序，有时兼有腋生单花；花蕾为淡紫红色，稀乳白色；花萼不规则 5—3 浅裂；花瓣长 1.5—2 厘米；雄蕊 25—35 枚，有时部分雄蕊不育；花柱粗长，柱头略较子房大。果圆球形、扁圆形、梨形或阔圆锥状，横径通常在 10 厘米以上，淡黄色或黄绿色，杂交种有朱红色的，果皮甚厚或薄，海绵质，油胞大，凸起，果心实但松软，瓢囊 10—15 瓣或多至 19 瓣，汁胞白色、粉红色或鲜红色，少有带乳黄色；种子多达 200 余粒，亦有无子的，形状不规则，通常近似长方形，上部质薄且常截平，下部饱满，多兼有发育不全的，有明显纵肋棱。花期 4—5 月，果期 9—12 月。

【辨识要点】 单身复叶，叶质颇厚，色浓绿，阔卵形或椭圆形。果圆球形、扁圆形、梨形或阔圆锥状，横径通常 10 厘米以上。

【分布范围】 较耐阴，忌强光照射。东南亚各国有栽种。中国主要分布于长江以南各地，最北见于河南省信阳及南阳一带，全为栽培，武汉常见于庭院绿植或公共绿化。

梧桐

落叶乔木。形态优美，可作为观赏植物，常作为行道树及庭园绿化观赏树。木材轻软，为制作木匣和乐器的良材。种子炒熟可食用或榨油。叶、根、皮、花、种子均可入药：叶有祛风除湿、解毒消肿、降血压的功效；根有祛风除湿，调经止血的功效，可用于解毒疗疮；皮有祛风除湿、活血通经的功效；花有利湿消肿、清热解毒的功效；种子有清热解毒、顺气和胃的功效，可用于健脾消食，止血。

【别称】 青桐、桐麻、碧梧、中国梧桐等。

【分类】 锦葵科 梧桐属。

【形态特征】 茎直立，高达 15—20 米，胸径可达 50 厘米；树干挺直，光洁，分枝高；树皮绿色或灰绿色，平滑，常不裂。叶大，阔卵形，宽 10—22 厘米，长 10—21 厘米，3—5 裂至中部，长比宽略短，基部截形、阔心形或稍呈楔形，裂片宽三角形，边缘有数个粗大锯齿，上下两面幼时被灰黄色绒毛，后变无毛；叶柄长 3—10 厘米，密被黄褐色绒毛。圆锥花序长约 20 厘米，被短绒毛；花单性，无花瓣；萼管长约 2 毫米，裂片 5，条状披针形，长约 10 毫米，外面密生淡黄色短绒毛；雄花的雄蕊柱约与萼裂片等长，花药约 15 个聚生在雄蕊柱顶端；雌花的雌蕊具柄 5，心皮的子房部分离生，子房基部有退化雄蕊。蓇葖果长 7—9.5 厘米，在成熟前即裂开；果枝有球形果实，通常 2 个，常下垂，直径 2.5—3.5 厘米；小坚果长约 0.9 厘米，基部有长毛。种子球形，分为 5 个分果，分果成熟前裂开呈小艇状，种子生在边缘，种子未成熟时为青色，成熟后为橙红色。花期 5 月，果期 9—10 月。

【辨识要点】 树皮绿色或灰绿色，平滑，常不裂。叶大，阔卵形，基部截形、阔心形或稍呈楔形，裂片宽三角形。

【分布范围】 喜光，喜温暖、湿润的气候，耐寒性不强，适合肥沃、湿润、深厚且排水良好的土壤，在酸性、中性及钙质土上均能生长，但不宜在积水洼地或盐碱地栽种。原产中国和日本。中国华北至华南、西南广泛栽培，尤以长江流域为多。现已引种到欧洲、美洲各地作为观赏树种，多作为普通行道树及庭园绿化观赏树。武汉常见于公共区域的绿化。

楝

落叶乔木。花、叶、果实、根皮均可入药，根皮可驱蛔虫和钩虫，但有毒，用时要严遵医嘱，根皮粉调醋可治疥癣，用苦楝子做成油膏可治头癣。果核仁油可供制润滑油和肥皂等。

【别称】 苦楝（通称）、楝树、紫花树（江苏）、森树（广东）等。

【分类】 楝科 楝属。

【形态特征】 茎直立，高达 10 余米；树皮灰褐色，纵裂。分枝广展，小枝有叶痕。叶为 2—3 回奇数羽状复叶，长 20—40 厘米；小叶对生，卵形、椭圆形至披针形，顶生一片通常略大，长 3—7 厘米，宽 2—3 厘米，先端短渐尖，基部楔形或宽楔形，多少偏斜，边缘有钝锯齿，幼时被星状毛，后两面均无毛，侧脉每边 12—16 条，广展，向上斜举。圆锥花序约与叶等长，无毛或幼时被鳞片状短柔毛；花芳香；花萼5 深裂，裂片卵形或长圆状卵形，先端急尖，外面被微柔毛；花瓣淡紫色，倒卵状匙形，长约 1 厘米，两面均被微柔毛，通常外面较密。核果球形至椭圆形，长 1—2 厘米，宽 8—15 毫米，内果皮木质，4—5 室，每室有种子 1 颗；种子椭圆形。花期 4—5 月，果期 10—12 月。

【辨识要点】　奇数羽状复叶 2—3 回，小叶对生，卵形、椭圆形至披针形，顶生一片通常略大。核果球形至椭圆形。

【分布范围】　喜温暖、湿润的气候，耐寒、耐碱、耐瘠薄，适应性较强。广布于亚洲热带和亚热带地区，温带地区也有栽培。中国分布于黄河以南各省区，现已广泛引为栽培。多生于旷野或路旁，或栽培于屋前房后，武汉地区散生于公园、小区和野外，少见行道树。

泡桐

落叶乔木。树姿优美，花朵美丽，有较强的净化空气和抗大气污染的能力，是城市和工矿区绿化的优良树种。木材纹理通直，结构均匀，隔潮性好，不易燃烧，不易变形，油漆染色良好，可作为建筑、家具等用材；声学性好，共鸣性强，可用于制作乐器。叶、花、果和树皮可入药。叶能治疗痈疽、创伤出血等；花有疏风散热、清肝明目、清热解毒的功效；果能化痰止咳，可用于治疗气管炎等。

【别称】　白花泡桐、大果泡桐、空桐木、水桐、桐木树、紫花等。

【分类】 泡桐科 泡桐属。

【形态特征】 茎直立，株高可达 20 米。树皮多为灰色、灰褐色或灰黑色，幼时平滑，老时纵裂。单叶对生，大而有长柄，卵形或近心形，全缘或有浅裂。顶生圆锥花序，由多数聚伞花序复合而成；花大，淡紫色或白色，花萼钟状或盘状，肥厚，5 深裂，裂片不等大；花冠钟形或漏斗形，上唇 2 裂、反卷，下唇 3 裂，直伸或微卷；雄蕊 4 枚，2 长 2 短，着生于花冠筒基部；雌蕊 1 枚，花柱细长。蒴果卵形或椭圆形，熟后背缝开裂。种子多数为长圆形，小而轻，两侧具有条纹的翅。

【辨识要点】 单叶对生，大而有长柄，卵形或近心形。顶生圆锥花序，由多数聚伞花序复合而成。花大，淡紫色或白色，花冠钟形或漏斗形，上唇 2 裂、反卷，下唇 3 裂。

【分布范围】 喜光，喜温暖暖气候，耐寒性不强，较耐阴。原产中国，很早就被引种到越南、日本、和亚洲各地。目前已经分布全世界。中国北起辽宁南部、北京、延安一线，南至广东、广西，东起台湾，西至云南、贵州、四川都有分布，武汉常见于庭院、园林栽种。

瓜栗

小乔木，在热带和室内常绿。树皮可提炼制作黄色染料，也可制取纤维，木材可用于制造盒子和火柴等，也可用于造纸。果实在果皮未熟时可食，种子可炒食。树皮可用于治疗胃病和头痛，未成熟的绿色果皮可用于治疗肝炎，种子可用作麻醉剂。

【别称】 发财树、马拉巴栗、中美木棉、水瓜栗等。

【分类】 棉葵科 瓜栗属。

【形态特征】 茎直立，株高 4—5 米，树冠较松散，幼枝栗褐色，无毛。掌状复叶，叶柄长 11—15 厘米；小叶 5—11 枚，具短柄或近无柄，倒卵状长圆形或长圆形，全缘；中央小叶长 13—24 厘米，宽 4.5—8 厘米，外侧小叶渐小。花单生枝顶叶腋；花梗粗壮，长 2 厘米，被黄色星状茸毛，脱落；萼杯状，近革质，高 1.5 厘米，直径 1.3 厘米；花瓣淡黄绿色，狭披针形至线形，长达 15 厘米，上半部反卷。蒴果近梨形，长 9—10 厘米，直径 4—6 厘米，果皮厚，木质，近黄褐色，开裂，每室种子多数。种子大，不规则梯状楔形，长 2—2.5 厘米，宽 1—1.5 厘米。花期 5—11 月，果先后成熟，种子落地后自然萌发。

【辨识要点】掌状复叶，小叶 5—11 枚，光亮，近革质，具短柄或近无柄，倒卵状长圆形或长圆形，全缘；中央小叶长，外侧小

叶渐小。

【分布范围】 喜高温、高湿的环境，耐寒力差，幼苗忌霜冻。原产美洲。中国云南西双版纳有栽培，武汉地区主要为温室或室内栽种。

盐麸木

落叶小乔木或灌木。可用于制药和作为工业染料的原料。皮、种子可榨油。在园林绿化中，可作为观叶、观果的树种。蜜、粉丰富，是良好的蜜源植物。根、叶、花及果均可入药，有清热解毒、舒筋活络、散瘀止血、止咳化痰等功效。

【别称】 五倍子树、五倍柴、盐麸木等。

【分类】 漆树科 盐麸木属。

【形态特征】 茎直立，高2—10米。奇数羽状复叶有小叶3—6对，纸质，边缘具粗钝锯齿，背面密被灰褐色毛，叶轴具宽的叶状翅，小叶自下而上逐渐增大，叶轴和叶柄密被锈色柔毛；小叶多形，卵形或椭圆状卵形或长圆形，长6—12厘米，宽3—7厘米，先端急尖，基部圆形，顶生小叶基部楔形，边缘具粗锯齿或圆齿，叶面暗绿色，叶背粉绿色，被白粉，叶面沿中脉疏被柔毛或近无毛，叶背被锈色柔毛，脉上较密，侧脉和细脉在叶面凹陷，在叶背突起；小叶无柄。雄花序长30—40厘米，雌花序较短，密被锈色柔毛；苞片披针形，长约1毫米，被微柔毛，小苞片极小，花乳白色，花梗长约1毫米，被微柔毛；雄花花萼外面被微柔毛，裂片长卵形，长约1毫米，边缘具细睫毛；花瓣倒卵状长圆形，长约2毫米，开花时外卷；雌花花萼裂片较短，长约0.6毫米，外面被微柔毛，边缘具细睫毛；花瓣椭圆状卵形，长约1.6毫米，边缘具细睫毛，里面下部被柔毛。核果球形，略扁，直径4—5毫米，成熟时为红色，果核直径3—4毫米。花期7—9月，果期10—11月。

【辨识要点】 奇数羽状复叶有小叶3—6对，纸质，边缘具粗钝锯齿，背面密被灰褐色毛，叶轴具宽的叶状翅，小叶自下而上逐渐增大。

【分布范围】 喜光，喜温暖、湿润的环境，适应性强，耐寒。对土壤要求不严，在酸性、中性及石灰性土壤乃至干旱瘠薄的土壤中均能生长。分布于印度、马来西亚、印度尼西亚、日本和朝鲜等。中国除东北地区及内蒙古自治区和新疆维吾尔自治区外，其余各省区均有分布，武汉多见于郊区丘陵或山脉，如黄陂的山坡中。

石榴

落叶小乔木或灌木。通常分为观赏和食用（水果）两种。叶、皮、花可入药：叶有收敛止泻、解毒杀虫的功效，可用于治疗跌打损伤、痘风疮、癞疮等；石榴皮有涩肠止泻、杀虫、收敛止血的功效，可用于治疗痢疾、便血崩漏、中气下陷之脱肛等；花有凉血、止血的功效，可用于治疗鼻衄，中耳炎，创伤出血等。

【别称】　安石榴、若榴木、金罂、丹若、涂林、金庞、天浆等。

【分类】　千屈菜科 石榴属。

【形态特征】　茎直立，株高可达 3—5 米，稀达 10 米。叶多对生或密集呈簇生状，长椭圆形或长披针形，长 2—9 厘米；具光泽。花两性，顶生或腋生；萼片肉质，硬，5—7 裂，宿存；花瓣多为红色、黄色或白色；花瓣有单瓣、重瓣之分，倒阔卵形，与萼片同数互生，覆瓦状排列。浆果近球形，内有多数籽粒。外种皮肉质半透明，多汁。果石榴花期 5—6 月，果期 9—10 月；花石榴花期5—10 月。

【辨识要点】　果石榴与观赏石榴（花石榴、月季石榴）的区别主要在雌蕊能接受传粉、结果。

【分布范围】　喜光，耐寒。中国除南北极寒地区外，各地均有栽培分布，武汉常见于庭院、公园、园林栽种。

紫薇

落叶小乔木或灌木。有较强的抗污染能力。根、皮、叶、花皆可入药，有活血止血、利湿祛风、清热解毒的功效，可用于治疗出血、跌打损伤、崩漏带下、无名肿毒、乳痈、咽喉肿痛、肝炎、疥癣等。树皮、叶及花还可作强泻剂。

【别称】　痒痒树、痒痒花、无皮树、百日红、蚊子花、紫金花、紫兰花等。

【分类】 千屈菜科 紫薇属。

【形态特征】茎直立，高可达 7 米；树皮光滑，灰色或灰褐色。叶互生，偶有对生，长椭圆形，长 2.5—7 厘米，宽 1.5—4 厘米。圆锥花序顶生，长 7—20 厘米；花瓣 6，多皱褶，长 1.2—2 厘米，花色通常为大红色、玫红色、淡红色、深粉红色或白色、紫色。蒴果阔椭圆形或椭球形，长 1—1.3 厘米，成熟后呈紫黑色。种子有翅，长约 0.8 厘米。花期 6—9 月，果期 9—12 月。

【辨识要点】树皮光滑，灰色或灰褐色。叶互生，偶有对生，长椭圆形。圆锥花序顶生，花瓣 6，多皱褶，花色通常为大红色、玫红色、淡红色、深粉红色或白色、紫色。

【分布范围】 喜温暖、湿润的环境，抗寒。原产亚洲，中国华南、华东、华中、华北、西南及东北等地均有分布，武汉常见于公园、小区、校园、道路边等公共区域种植，新洲区有紫薇主题公园。

臭椿

落叶乔木。对烟尘、二氧化硫、二氧化氮等有较强抗性，是常见绿化树种。树干可作为优良用材；叶可饲椿蚕；根、茎的皮及果实均可入药，有收敛止痢、止带、止血、清热利湿的功效。

【别称】 臭椿皮、大果臭椿等。

【分类】 苦木科 臭椿属。

【形态特征】茎直立，高可达 20 余米。叶为奇数羽状复叶，长 40—60 厘米，有小叶 13—27；小叶纸质，对生或近对生，长椭圆形或卵状披针形，长 7—13 厘米，宽 2.5—4 厘米，叶基部具腺点，有臭味，叶缘两侧各具 1 个或 2 个粗锯齿状缺刻。圆锥花序长 10—30 厘米；花瓣 5，长 2—2.5 毫米，淡绿色。翅果长椭圆形，长 3—4.5 厘米，宽 1—1.2 厘米；种子扁圆形，位于翅的中间。花期 4—5 月，果期 8—10 月。

【辨识要点】 奇数羽状复叶，小叶纸质，对生或近对生，长椭圆形或卵状披针形，叶基部具腺点，有臭味，叶缘两侧各具 1 个或 2 个粗锯齿状缺刻。翅果长椭圆形。

【分布范围】 喜光，不耐阴。世界各地广为栽培。中国除东北、西北和海南等地外，各地均有分布，武汉散生于各园林、公园、校园、小区。

菜豆树

常绿小乔木。多为室内赏叶盆栽植物。根、叶、果可入药，有凉血、消肿的功效，可用于治疗毒蛇咬伤、跌打损伤等。

【别称】 幸福树、山菜豆、豇豆树、森木凉伞、接骨凉伞、鸡豆木、豆角木、牛尾豆、苦苓舅等。

【分类】 紫葳科 菜豆树属。

【形态特征】 茎直立，高可达 10 米。羽状复叶 2 回，稀 3 回；小叶对生，长椭圆形或卵状披针形，长 4—7 厘米，宽 2—3.5 厘米，全缘，偶有波状起伏和小锯齿状缺刻，稍革质，有光泽。圆锥花序顶生，长 25—35 厘米，宽 30 厘米；花冠漏斗形，长 6—8 厘米，白色至淡黄色，裂片 5，近圆形，长约 2.5 厘米。蒴果细长圆柱形，稍弯曲，下垂，长约 85 厘米，直径约 1 厘米。种子椭圆形，长约 2 厘米，宽约 0.5 厘米。花期 5—9 月，果期 10—12 月。

【辨识要点】 羽状复叶 2 回，稀 3 回；小叶对生，长椭圆形或卵状披针形，全缘，偶有波状起伏和小锯齿状缺刻，稍革质，有光泽。

【分布范围】 喜光照、湿润的环境，耐高温，畏寒冷、干燥。原产中国台湾、两广、海南、云贵等地，菲律宾、印度、不丹等国也有分布。武汉常见于温室和室内栽培。

野鸦椿

落叶小乔木或灌木。叶、花、果具有很好的观赏效果，是一种观赏植物。根、果可入药，根有祛风解表、清热利湿的功效，可用于治疗外感头痛、痢疾等，果有祛风散寒、行气止痛、消肿散结的功效，可用于治疗月经不调、寒疝疼痛、胃痛等。

【别称】 鸡眼睛、膀胱果、酒药花、鸡肾蚵、小山辣子、山海椒、红棕等。

【分类】 省沽油科 野鸦椿属。

【形态特征】 茎直立，高2—8米，树皮灰褐色，具纵条纹，小枝及芽红紫色，枝叶揉碎后有恶臭气味。叶对生，奇数羽状复叶，长8—32厘米，叶轴淡绿色，小叶5—9厘米，稀3—11厘米，厚纸质，长卵形或椭圆形，稀为圆形，长4—9厘米，宽2—4厘米，先端渐尖，基部钝圆，边缘具疏短锯齿，主脉在上叶面明显、叶背面突出，侧脉8—11，在两面可见，小叶柄长1—2毫米。圆锥花序顶生，花梗长达21厘米，花多，较密集，黄白色，径4—5毫米，萼片与花瓣均5，椭圆形，萼片宿存，花盘盘状。蓇葖果长1—2厘米，每一花发育为1—3个蓇葖，果皮软革质，紫红色，有纵脉纹。种子近圆形，径约5毫米，假种皮肉质，黑色，有光泽。花期5—6月，果期8—9月。

【辨识要点】 枝叶揉碎后有恶臭气味。叶对生，奇数羽状复叶，厚纸质，长卵形或椭圆形，稀为圆形。果皮软革质，紫红色，有纵脉纹。果实外形似膀胱，故又称膀胱果。

【分布范围】 幼苗耐阴、耐湿润，大树偏阳喜光，耐瘠薄干燥，耐寒性较强。中国除西北各省外，全国均产，主产江南各省，西至云南东北部。日本、朝鲜也有。武汉主要见于新城区的山区，也有庭院绿植。

香龙血树

常绿乔木。有分枝，室内赏叶植物。

【别称】 巴西木、巴西铁树、巴西千年木、芳香龙血树、香花龙血树、香千年木、花虎斑木、王莲千年木等。

【分类】 天门冬科 龙血树属。

【形态特征】 常绿乔木，高可达6米以上。叶宽剑形或长椭圆状披针形，深绿色至鲜绿色，具光泽，长40—90厘米，宽6—10厘米，簇生于茎顶，几无叶柄；叶缘有波状起伏，直出平行脉，中间有浅色纵带。穗状花序，花小，黄绿色，有芳香。果实橘黄色。

【辨识要点】 叶大型，宽剑形或长椭圆状披针形，具光泽，几无叶柄；叶缘有波状起伏，直出平行脉，中间有浅色纵带。

【分布范围】喜光照，喜高温、多湿的环境，原产非洲西部及东南非洲热带，柬埔寨、泰国、印度尼西亚、老挝和美洲等地也有分布。中国西南部广泛栽培。武汉地区主要为室内绿植。

藤 本 植 物

打碗花

一年生草质藤本植物。可作为园林植物。嫩茎叶和根可食用，春季采嫩茎叶，用开水焯后炒食、蒸食、做汤均可。根具有健脾益气、利尿、调经的功效，主治脾虚、消化不良、月经不调等。

【别称】 燕覆子、兔耳草、富苗秧、傅斯劳草、兔儿苗、扶七秧子、小旋花等。

【分类】 旋花科 打碗花属。

【形态特征】 植株通常矮小，具细长白色的根。茎细，平卧，有细棱，常自基部分枝。基部叶片长圆形，顶端圆，基部戟形，上部叶片3裂，中裂片长圆形或长圆状披针形，侧裂片近三角形，基部心形或戟形。花腋生，花梗长于叶柄，苞片宽卵形；萼片长圆形，顶端钝，具小短尖头，内萼片稍短；花冠淡紫色或淡红色，钟状或喇叭状，冠檐近截形或微裂；雄蕊近等长，花丝基部扩大，贴生花冠管基部，被小鳞毛。蒴果卵球形，宿存萼片与之近等长或稍短。种子黑褐色，表面有小疣。花期4—10月，果期6—11月。

【辨识要点】 上部叶片3裂，中裂片长圆形或长圆状披针形，侧裂片近三角形，基部心形或戟形。花冠淡紫色或淡红色，钟状或喇叭状。

【分布范围】 喜冷凉、湿润的环境，耐热、耐寒，适应性强，对土壤要求不苛。常见于田间、路旁、荒山、林缘、河边、沙地草原。打碗花分布于埃塞俄比亚及亚洲南部、东部等。中国各地均有分布，武汉常见于路边坡地或杂草丛中。

牵牛

一年生缠绕藤本植物。因花朵酷似喇叭，有些地方称为喇叭花。牵牛一般春天播种，夏秋开花，其品种很多，花的颜色有蓝色、绯红色、桃红色、紫色等，亦有混色的，花瓣边缘的变化较多，是常见的观赏植物。种子可入药，有泻水、消痰、杀虫的功效，可用于治疗水肿胀满、二便不通、痰饮积聚、气逆喘咳、虫积腹痛、蛔虫病、绦虫病等。

【别称】 朝颜、碗公花、牵牛花、喇叭花等。

【分类】 旋花科 番薯属。

【形态特征】 茎缠绕，茎上被倒向的短柔毛及杂有倒向或开展的长硬毛。叶宽卵形或近圆形，深或浅的3裂，偶5裂，长4—15厘米，宽4.5—14厘米，基部圆，心形，中裂片长圆形或卵圆形，渐尖或骤尖，侧裂片较短，三角形，裂口锐或圆，叶面或疏或密被微硬的柔毛；叶柄长2—15厘米，毛被同茎。花腋生，单一或通常2朵着生于花序梗顶，花序梗长短不一，长1.5—

18.5厘米，通常短于叶柄，有时较长，毛被同茎；苞片线形或叶状，被开展的微硬毛；花梗长2—7毫米；小苞片线形；萼片近等长，长2—2.5厘米，披针状线形，内面2片稍狭，外面被开展的刚毛，基部更密，有时也杂有短柔毛；花冠漏斗状，长5—8厘米，蓝紫色或紫红色，花冠管色淡；雄蕊及花柱内藏；雄蕊不等长；花丝基部被柔毛；子房无毛，柱头头状。蒴果近球形，直径0.8—1.3厘米，3瓣裂。种子卵状三棱形，长约6毫米，黑褐色或米黄色，被褐色短绒毛。花期以夏季最盛。

【辨识要点】 茎上被倒向的短柔毛及杂有倒向或开展的长硬毛。叶宽卵形或近圆形，深或浅的3裂，偶5裂。花冠漏斗状，形似喇叭，蓝紫色或紫红色。

【分布范围】 适应性较强，喜阳光充足的环境，亦可耐半遮阴。可耐暑热高温，但不耐寒，怕霜冻。本种原产热带美洲，现已广植于热带和亚热带地区。在中国除西北和东北地区外，大部分地区都有分布，武汉常见于庭院绿植，也有很多逸为野生。

茑萝

一年生柔弱缠绕草质藤本植物。藤蔓和叶纤细秀丽，花形小而秀美，是庭院花架、花篱上的优良植物，也可盆栽陈设于室内。全株均可入药，有清热解毒、消肿的作用，对治疗感冒发热、痈疮肿毒有一定的效果。

【别称】 五角星花、金丝线、锦屏封等。

【分类】 旋花科 番薯属。

【形态特征】 细长光滑的蔓生茎，长可达4—5米，柔软，极富攀缘性。叶卵形或长圆形，长2—10厘米，宽1—6厘米，单叶互生，叶的裂片细长如丝，羽状深裂至中脉，具10—18对线形至丝状的平展的细裂片，裂片先端锐尖；叶柄长8—40毫米，基部常具假托叶。花序腋生，由少数花组成聚伞花序，上着数朵五角星状小花，颜色深红鲜艳，除红色外，还有白

色的；总花梗大多超过叶，长 1.5—10 厘米，花直立，花柄较花萼长，长 9—20 毫米，在果时增厚成棒状；萼片绿色，稍不等长，椭圆形至长圆状匙形，外面 1 个稍短，长约 5 毫米，先端钝而具小凸尖；花冠高脚碟状，长 2.5 厘米以上，深红色，无毛，管柔弱，上部稍膨大，冠檐开展，直径 1.7—2 厘米，5 浅裂；雄蕊及花柱伸出；花丝基部具毛；子房无毛。蒴果卵形，长 7—8 毫米，4 室，4 瓣裂，隔膜宿存，透明。种子 4，卵状长圆形，长 5—6 毫米，黑褐色。花期 7 月上旬至 9 月下旬，每天开放一批，晨开午后即蔫。

【辨识要点】茎纤长柔弱，善缠绕攀缘，叶深裂细长如丝，五角星状小花，颜色鲜艳，深红色或白色，长喇叭状，十分美观。

【分布范围】原产热带美洲，现广布于全球温带及热带地区。中国广泛栽培，武汉多见于庭院、小区、家庭栽种。

草莓

多年生草质藤本植物。常见水果，营养价值高，富含维生素 C、维生素 A、维生素 E，以及果胶、叶酸等营养物质，且有保健功效。

【别称】凤梨草莓等。

【分类】蔷薇科 草莓属。

【形态特征】茎匍匐，高 10—40 厘米；茎低于叶或近相等，密被黄色柔毛。三出复叶，小叶具短柄，质地较厚，倒卵形或菱形，稀矩圆形，长 3—7 厘米，宽 2—6 厘米，顶端圆钝，基部阔楔形，侧生小叶基部偏斜，边缘具缺刻状锯齿，锯齿极尖，上面深绿色，几无毛，下面淡白绿色，疏生毛，沿脉较密；叶柄长 2—10 厘米，密被黄色柔毛。聚伞花序，有花 5—15 朵，花序下面具一短柄的小叶；花两性，直径 1.5—2 厘米；萼片卵形，比副萼片稍长，副萼片椭圆披针形，全缘，稀深 2 裂，果时扩大；花瓣白色，近圆形或倒卵椭圆形，基部具不显的爪；雄蕊 20 枚，不等长；雌蕊极多。聚合果大，宿存萼片直立，紧贴于果实；瘦果尖卵形，光滑。花期 4—5 月，果期 6—7 月。

【辨识要点】茎匍匐。三出复叶，倒卵形或菱形，边缘具缺刻状锯齿，锯齿尖。花瓣白色，雌蕊极多。聚合果，瘦果细小，贴于果实表面。我们所食用的"果实"为花托发育而成。

【分布范围】 喜温凉气候，喜光，有较强的耐阴性。原产南美。欧洲各地广为栽培。中国各地可见，武汉主要为大棚种植。

蛇莓

多年生匍匐草质藤本植物。全草供药用，有清热解毒、凉血止血、散瘀消肿的作用，可用于治疗热病、惊痫、感冒、吐血、口疮、痢疾、痈肿、咽痛、蛇虫咬伤、烫火伤等，还可用于杀灭蝇蛆。

【别称】 蛇泡草、龙吐珠、三爪风、鼻血果果、珠爪、蛇果、鸡冠果、野草莓、地莓、蚕莓、三点红、蛇蛋果、地锦、三匹风、蛇泡草、三皮风、三爪龙、老蛇泡、蛇蓉草、蛇龟草、落地杨梅、红顶果、血疗草、野草莓等。

【分类】 蔷薇科 蛇莓属。

【形态特征】 根茎短，粗壮；匍匐茎多数，长30—100厘米，有柔毛。小叶片倒卵形至菱状长圆形，长2—5厘米，宽1—3厘米，先端圆钝，边缘有钝锯齿，两面皆有柔毛，或上面无毛，具小叶柄；叶柄长1—5厘米，有柔毛；托叶窄卵形至宽披针形，长5—8毫米。花单生于叶腋；直径1.5—2.5厘米；花梗长3—6厘米，有柔毛；萼片卵形，长4—6毫米，先端锐尖，外面有散生柔毛；副萼片倒卵形，长5—8毫米，比萼片长，先端常具3—5锯齿；花瓣倒卵形，长5—10毫米，黄色，先端圆钝；雄蕊20—30枚；心皮多数，离生；花托在果期膨大，海绵质，鲜红色，有光泽，直径10—20毫米，外面有长柔毛。瘦果卵形，长约1.5毫米，光滑或具不明显突起，鲜时有光泽。花期6—8月，果期8—10月。

【辨识要点】 小叶片倒卵形至菱状长圆形。花瓣5，倒卵形，黄色。果成熟后红色，圆球状。

【分布范围】 喜阴凉、温暖、湿润的环境，耐寒、不耐旱、不耐水渍。多生于山坡、河岸、草地、潮湿的地方。分布从阿富汗东达日本，南达印度、印度尼西亚，在欧洲及美洲均有记录。中国辽宁（辽宁亦有分布）以南各省区，长江流域都有分布，武汉常见于路边荒地、杂草丛中。

扁豆

通用名藊豆，多年生草质缠绕藤本植物。扁豆花有红白两种，豆荚有绿白色、浅绿色、粉红色或紫红色等。嫩荚和嫩豆作蔬菜，新鲜茎叶是家畜的优良饲料，豆秸亦可晒干作饲料。白花和白色种子入药，有祛除暑湿邪气、健脾止泻的功效。扁豆干种子主要以白扁豆入药，补五脏，解酒毒、海豚鱼毒，以及草木毒，止泄痢、消暑、暖脾胃、除湿热、止消渴；扁豆花入药，具有健脾和胃、消暑化湿的功效，用于治疗痢疾、泄泻、赤白带下等；扁豆叶可治吐泻转筋、疮毒、跌打创伤；扁豆衣健脾、化湿；扁豆根可治便血、痔漏、淋病等。

【别称】　火镰扁豆、膨皮豆、藤豆、沿篱豆、鹊豆、皮扁豆，豆角，白扁豆等。

【分类】　豆科　扁豆属。

【形态特征】　全株几无毛，茎长可达 6 米，常呈淡紫色。羽状复叶具 3 小叶；小叶宽三角状卵形，长 6—10 厘米，宽约与长相等，侧生小叶两边不等大，偏斜，先端急尖或渐尖，基部近截平。总状花序直立，长 15—25 厘米，花序轴粗壮，总花梗长 8—14 厘米；小苞片 2，近圆形，长 3 毫米，脱落；花两朵至多朵簇生于每一节上；花萼钟状，长约 6 毫米，上方 2 裂齿几乎完全合生，下方的 3 枚近相等；花冠白色或紫色，旗瓣圆形，基部两侧具 2 枚长而直立的小附属体，附属体下有 2 耳，翼瓣宽倒卵形，具截平的耳，龙骨瓣直角弯曲，基部渐狭成瓣柄。荚果长圆状镰形，长 5—7 厘米，近顶端最阔，宽 1.4—1.8 厘米，扁平，直或稍向背弯曲，顶端有弯曲的尖喙，基部渐狭。种子 3—5 颗，扁平，长椭圆形，在白花品种中为白色，在紫花品种中为紫黑色，种脐线形，长约占种子周围的 2/5。花期 4—12 月。

【辨识要点】　羽状复叶具 3 小叶，小叶宽三角状卵形。总状花序直立，蝶形花冠。

【分布范围】　喜温暖、湿润、阳光充足的环境，耐旱力强，对各种土壤适应性好。可能原产印度，今世界热带、亚热带地区均有栽培。中国主产于山西、陕西、甘肃、河北、河南、湖北、云南、四川等地。武汉主要作为农家蔬菜栽种，也可见于庭院栽种。

紫藤

落叶攀缘缠绕大藤本植物。紫藤是很好的园林绿化和观赏植物。紫藤花可水焯凉拌或者裹面油炸，制成紫萝饼、紫萝糕等风味面食。紫藤花可提炼芳香油，并有解毒、止吐止泻等功效；紫藤皮有杀虫、止痛、祛风通络等功效。

【别称】　朱藤、招藤、招豆藤、藤萝等。

【分类】　豆科　紫藤属。

【形态特征】　茎右旋，枝较粗壮，嫩枝被白色柔毛，后秃净；冬芽卵形。奇数羽状复叶，长 15—

25 厘米；小叶 3—6 对，纸质，卵状椭圆形至卵状披针形，上部小叶较大，基部 1 对最小，长 5—8 厘米，宽 2—4 厘米，先端渐尖至尾尖，基部钝圆或楔形，或歪斜，嫩叶两面被平伏毛，后秃净；小叶柄长 3—4 毫米，被柔毛；小托叶刺毛状，长 4—5 毫米，宿存。总状花序发自种植一年短枝的腋芽或顶芽，长 15—30 厘米，径 8—10 厘米，花序轴被白色柔毛；苞片披针形，早落；花长 2—2.5 厘米，芳香；花梗细，长 2—3 厘米；花萼杯状，长 5—6 毫米，

宽 7—8 毫米，密被细绢毛，上方 2 齿甚钝，下方 3 齿卵状三角形；花冠细绢毛，上方 2 齿甚钝，下方 3 齿卵状三角形；花冠紫色，旗瓣圆形，先端略凹陷，花开后反折，基部有 2 胼胝体，翼瓣长圆形，基部圆，龙骨瓣较翼瓣短，阔镰形。荚果倒披针形，长 10—15 厘米，宽 1.5—2 厘米，密被绒毛，悬垂枝上不脱落，有种子 1—3 粒；种子褐色，具光泽，圆形，宽 1.5 厘米，扁平。花期 4 月中旬至 5 月上旬，果期 5—8 月。

【辨识要点】 奇数羽状复叶，小叶纸质，卵状椭圆形至卵状披针形。总状花序，蝶形花冠紫色。

【分布范围】 为暖带及温带植物，对气候和土壤的适应性强，较耐寒，能耐水湿及瘠薄土壤，喜光，较耐阴。原产中国，朝鲜、日本亦有分布。中国华北地区多有分布，以河北、河南、山西、山东最为常见，华东、华中、华南、西北和西南地区均有栽培，武汉常见于庭院、小区、公园绿化观赏栽种。

络石

常绿木质藤本植物。茎皮纤维拉力强，可制绳索、纸及人造棉。根、茎、叶、果实可供药用，有祛风活络、止痛消肿、清热解毒的功效。乳汁有毒，对心脏有毒害作用。花芳香。

【别称】 络石藤、万字茉莉、风车藤等。

【分类】 夹竹桃科 络石属。

【形态特征】 茎匍匐或攀缘，长达 10 米，具乳汁；茎赤褐色，圆柱形，有皮孔；小枝被黄色柔毛，老时渐无毛。叶对生，革质或近革质，椭圆形至卵状椭圆形或宽倒卵形，长 2—10 厘米，宽 1—4.5 厘米，顶端锐尖至渐尖或钝，有时微凹或有小凸尖，基部渐狭至钝，叶面无毛，叶背被疏短柔毛，老渐无毛；叶面中脉微凹，侧脉扁平，叶背中脉凸起，侧脉每边 6—12 条，扁平或稍凸起；叶柄短，被短柔毛，老渐

无毛；叶柄内和叶腋外腺体钻形，长约1毫米。二歧聚伞花序腋生或顶生，花多朵组成圆锥状，与叶等长或较长；花白色，芳香；总花梗长2—5厘米，被柔毛，老时渐无毛；苞片及小苞片狭披针形，长1—2毫米；花萼5深裂，裂片线状披针形，顶部反卷，长2—5毫米，外面被有长柔毛及缘毛，内面无毛，基部具10枚鳞片状腺体；花蕾顶端钝，花冠筒圆筒形，中部膨大，外面无毛，内面在喉部及雄蕊着生处被短柔毛，长5—10毫米，花冠裂片长5—10毫米，无毛；雄蕊着生在花冠筒中部，腹部粘生在柱头上，花药箭头状，基部具耳，隐藏在花喉内。蓇葖果双生，叉开，无毛，线状披针形，向先端渐尖，长10—20厘米，宽3—10毫米。种子多颗，褐色，线形，长1.5—2厘米，直径约2毫米，顶端具白色绢质种毛，种毛长1.5—3厘米。花期3—7月，果期7—12月。

【辨识要点】 茎匍匐或攀缘。叶对生，革质或近革质，椭圆形至卵状椭圆形或宽倒卵形。二歧聚伞花序腋生或顶生，花白色，芳香。

【分布范围】 喜弱光，耐烈日高温，耐寒冷，亦耐暑热，但忌严寒。生于山野、溪边、路旁、林缘或杂木林中，常缠绕于树上或攀缘于墙壁上、岩石上，亦有移栽于园圃，供观赏。中国山东、安徽、江苏、浙江、福建、台湾、江西、河北、河南、湖北、湖南、广东、广西、云南、贵州、四川、陕西等地都有分布，武汉多见于公园、山坡及年份较长的高大乔木上攀附生长。

美国凌霄

落叶木质藤本植物。美国凌霄是很好的园林绿化及赏花藤本植物，疏影参差，碧叶葱葱，花为鲜红色或橘红色，生机勃勃。多用于园林、庭院、石壁、墙垣、假山及橘树下、花廊、棚架、花门等绿化。花和根可入药，有活血通经、祛风凉血的功效。

【别称】 美洲凌霄、洋凌霄、厚萼凌霄等。

【分类】 紫葳科 凌霄属。

【形态特征】 茎长5—6米，藤长可达10米或更长，具气生根。奇数羽状复叶对生，小叶9—11枚，椭圆形至卵状椭圆形，长3.5—6.5厘米，宽2—4厘米，顶端尾状渐尖，基部楔形，边缘具齿，上面深绿色，下面淡绿色，被毛，至少沿中肋被短柔毛。聚伞花序顶生，花序繁茂紧密，花冠细长漏斗形，筒部很长，6—9厘米，为萼长的3倍；花筒橙红色至鲜红色；花萼钟状，长约2厘米，口部直径约1厘米，5浅裂至萼筒的1/3处，裂片齿卵状三角形，外向微卷，无凸起的纵肋。蒴果长圆柱形，长8—12厘米，顶端具喙尖，沿缝线具龙骨状突起，粗约2毫米，具柄，硬壳质。冠筒长约为冠檐长的3倍。自然花期集中在5—6月和9—10月两个阶段。

【辨识要点】 奇数羽状复叶对生，小叶椭圆形至卵状椭圆形。花冠细长漏斗形，上端唇状分裂，裂片5，筒部很长，橙红色至鲜红色。

【分布范围】 喜光，适合肥沃而排水良好的沙质壤土，较耐寒。原产美国，已引入中国多年。武汉常见于公园、庭院、小区及家庭藤架。

葎草

多年生攀缘草本植物。可作药用，茎皮纤维可作为造纸原料，种子油可制肥皂，果穗可代替啤酒花用来酿造啤酒。葎草是有害植物，危害果树及作物，其茎缠绕在植株上影响农作物的正常生长。

【别称】 蛇割藤、割人藤、拉拉秧、拉拉藤、勒草、葛葎蔓等。

【分类】 大麻科 葎草属。

【形态特征】 茎攀缘，茎、枝、叶柄均具倒钩刺。叶纸质，肾状五角形，掌状5—7深裂，稀3裂，长宽7—10厘米，基部心脏形，表面粗糙，疏生糙伏毛，背面有柔毛和黄色腺体，裂片卵状三角形，边缘具锯齿；叶柄长5—10厘米。雄花小，黄绿色，圆锥花序，长15—25厘米；雌花序球果状，径约5毫米，苞片纸质，三角形，顶端渐尖，具白色绒毛；子房为苞片包围，柱头2，伸出苞片外。瘦果成熟时露出苞片外。花期春夏，果期秋季。

【辨识要点】 茎攀缘。茎、枝、叶柄均具倒钩刺。叶纸质，肾状五角形，掌状5—7深裂，稀3裂。

【分布范围】 适应能力非常强，中国除新疆、青海外，南北各地区均有分布。日本、越南也有分布。武汉常见于沟边、荒地、废墟、林缘边。

迎春花

落叶灌木丛生植物。枝条披垂，冬末至早春先花后叶，花色金黄，花形秀美，叶丛翠绿。是有名的早春观花树种，在园林绿化中宜配置在湖边、溪畔、桥头、墙隅，或在草坪、林缘、坡地，房屋周围也可栽植。叶可入药，有清热、利湿、解毒的功效，主要用于治疗肿毒恶疮、跌打损伤、创伤出血等；花有清热解毒、活血消肿的功效，可用于治疗发热头痛、小便热痛等。

【别称】 小黄花、迎春、黄素馨、金腰带、黄梅、清明花等。

【分类】 木樨科 素馨属。

【形态特征】 茎直立或匍匐，高0.3—5米，枝条下垂。枝稍扭曲，光滑无毛，小枝四棱形，棱上多少具狭翼。叶对生，三出复叶，小枝基部常具单叶；叶轴具狭翼，无毛；叶片和小叶片幼时两面稍被毛，老时仅叶缘具睫毛；小叶片卵形、长卵形或椭圆形，狭椭圆形，稀倒卵形，先端锐尖或钝，具短尖头，基部楔形，叶缘反卷，中脉在上面微凹入，下面凸起，侧脉不明显；顶生小叶片较大，无柄；单叶为卵形或椭圆形，有时近圆形。花单生于去年生小枝的叶腋，稀生于小枝顶端；苞片小叶状，披针形、卵形或椭圆形，长1.5—4毫米；花梗长2—3毫米；花萼绿色，裂片5—6枚，窄披针形，长4—6毫米，宽1.5—2.5毫米，先端锐尖；花冠黄色，径2—2.5厘米，花冠管长0.8—2厘米，基部直径1.5—2毫米，向上渐扩大，裂片5—6枚，长圆形或椭圆形，长0.8—1.3厘米，宽3—6毫米，先端锐尖或圆钝。花期2—6月。

【辨识要点】 落叶灌木。叶对生，三出复叶。花多单生于去年生小枝的叶腋，花冠黄色。

【分布范围】 喜光，稍耐阴，略耐寒，怕涝。产于中国甘肃、陕西、四川、云南西北部，西藏东南部。世界各地普遍栽培。武汉常见于庭院、小区、园林绿化用，也可用作绿篱。

金银花

正名为忍冬。多年生半常绿缠绕及匍匐茎的灌木。"金银花"一名出自《本草纲目》，由于忍冬初开为白色，后转为黄色，因此得名金银花。以花蕾未开放、色黄白或绿白、无枝叶杂质为佳。金银花是清热解毒的良药，性甘寒气芳香，甘寒清热而不伤胃，芳香透达又可祛邪。有疏散风热、清热解毒等功效，可用于治疗痈肿疔疮、外感风热、温病初起、热毒血痢等，效果显著。

【别称】 金银藤、银藤、二色花藤、二宝藤、右转藤、子风藤、鸳鸯藤、老翁须等。

【分类】 忍冬科 忍冬属。

【形态特征】 幼枝红褐色，密被黄褐色、开展的硬直糙毛、腺毛和短柔毛，下部常无毛；藤为褐色至赤褐色。叶对生，纸质，小叶卵形至矩圆状卵形，有时卵状披针形，稀圆卵形或倒卵形，极少有一至数个钝缺，长3—5厘米，顶端尖或渐尖，少有钝、圆或微凹缺，基部圆或近心形，有糙缘毛，上面深绿色，下面淡绿色，小枝上部叶通常两面均密被短糙毛，下部叶常平滑无毛而下面多少带青灰色；叶柄长4—8毫米，密被短柔毛。总花梗通常单生于小枝上部叶腋，与叶柄等长或稍较短；苞片大，叶状，卵形至椭圆形，长2—3厘米，两面均有短柔毛或有时近无毛；小苞片顶端圆形或截形，长约1毫米，为萼筒的1/2—4/5，有短糙毛和腺毛；花蕾呈棒状，上粗下细；花萼细小，黄绿色，先端5裂，裂片边缘有毛；开放花朵筒状，先端二唇形，萼筒长约2毫米，无毛，萼齿卵状三角形或长三角形，顶端尖而有长毛，外面和边缘都有密毛；花冠白色，有时基部向阳面呈微红，后变黄色，唇形，筒稍长于唇瓣，很少近等长，外被多少倒生的开展或半开展糙毛和长腺毛，上唇裂片顶端钝形，下唇带状而反曲；雄蕊和花柱均高出花冠。果实圆形，直径6—7毫米，熟时蓝黑色，有光泽。种子卵圆形或椭圆形，褐色，长约3毫米，中部有一凸起的脊，两侧有浅的横沟纹。花期4—6月（秋季亦常开花），果熟期10—11月。

【辨识要点】 叶对生,纸质,小叶卵形至矩圆状卵形。花冠筒状,先端二唇形,花冠初开时白色,2—3 天后变为黄色。

【分布范围】 喜阳、耐阴,耐寒性强,也耐干旱和水湿,对土壤要求不严,适应性很强,但以湿润、肥沃的深厚沙质壤土生长最佳。中国各省均有分布,朝鲜和日本也有分布。在北美洲逸生成为难除的杂草。中国的种植区域主要集中在山东、陕西、河南、河北、湖北、江西、广东等地,武汉常见于公园、庭院、家庭阳台等地方种植。

鸡屎藤

多年生草质藤本植物。气特异,味微苦、涩。以条匀、叶多、气浓为佳。全草药用,夏季采收全草,晒干。鸡屎藤味甘、微苦,性平。有祛风利湿、止咳、止痛解毒、消食化积、活血消肿等功效,可用于治疗风湿筋骨痛、跌打损伤、外伤性疼痛、腹泻、痢疾、消化不良、小儿疳积、肺痨咯血、肝胆、胃肠绞痛、黄疸型肝炎、支气管炎、农药中毒等;外用可用于治疗皮炎、湿疹及疮疡肿毒。

【别称】 鸡矢藤、牛皮冻、臭藤、斑鸠饭、女青、主屎藤、却节等。

【分类】 茜草科 鸡屎藤属。

【形态特征】 茎基部木质,高2—3米,茎扁圆柱形,稍扭曲,无毛或近无毛,老茎灰棕色,直径3—12毫米,栓皮常脱落,有纵皱纹及叶柄断痕,易折断,断面平坦,灰黄色;嫩茎黑褐色,直径1—3毫米,质韧,不易折断,断面纤维性,灰白色或浅绿色。叶对生,有柄;叶片近膜质,卵形、椭圆形、矩圆形至披针形,长5—15厘米,宽2—6厘米,先端短尖或渐尖,基部浑圆或楔尖,两面均秃净或近秃净,全缘,绿褐色,两面无柔毛或近无毛;叶柄长1.5—7厘米,无毛或有毛。圆锥花序腋生及顶生,扩展,分枝为蝎尾状的聚伞花序；花白紫色，无柄；萼狭钟状，长约3毫米；花冠钟状，花筒长7—10毫米，上端5裂，镊合状排列，内面红紫色，被粉状柔毛；雄蕊5枚，花丝极短，着生于花冠筒内。浆果球形，直径5—7毫米，成熟时光亮，草黄色。花期秋季。

【辨识要点】 揉碎后有鸡屎臭味。叶对生，叶片近膜质，卵形、椭圆形、矩圆形至披针形。花白紫色，花冠钟状。

【分布范围】 喜温暖、湿润的环境。生于溪边、河边、路边、林旁及灌木林中，常攀附于其他植物或岩石上。中国广泛分布于秦岭南坡以南各省区及台湾，产于长江流域及其以南各地。朝鲜、日本、印度、缅甸、泰国、越南、老挝、柬埔寨、马来西亚、印度尼西亚也有分布。武汉偶见于杂草丛中攀附小灌木生长。

猪笼草

多年生直立或攀缘草本植物。家庭种植用于观赏。茎、叶可入药，有清肺润燥、解毒、行水的功效，可用于治疗肺燥咳嗽、百日咳、胃痛、水肿、痢疾、痈肿、虫咬伤等。

【别称】 猴水瓶、猪仔笼、雷公壶、猴子埕等。

【分类】 猪笼草科 猪笼草属。

【形态特征】 攀缘茎，木质或半木质，高0.5—2米。叶构造复杂，分叶柄、叶身和卷须。叶身多为长椭圆形，末端有卷须，卷须尾部形成瓶状或漏斗状的捕虫囊，上

有盖，可捕食昆虫。总状花序或圆锥花序，雌雄异株，多年后开花，花小，夜间味道浓烈。蒴果。

【辨识要点】 叶多为长椭圆形，末端有卷须，卷须尾部形成瓶状或漏斗状的捕虫囊，上有盖。

【分布范围】 喜温暖、湿润和半阴的环境，畏寒、忌干燥和强光。原产东南亚的马来西亚、印度尼西亚、菲律宾和中国，现世界多地有栽培。武汉主要见于温室栽培和家庭观赏种植。

水 生 植 物

王莲

多年生或一年生大型浮叶草本植物，是睡莲科王莲属植物统称。有直立的根状短茎和发达的不定须根，白色。叶片巨大，似盘，浮于水面，十分壮观，花色多变，香味浓厚。典型的热带水生庭园观赏植物，叶片直径可达 3 米以上，是世界水生植物中叶片最大的，具有很大的浮力，最多可承受六七十千克重的物体。种子富含淀粉，可食用。

【别称】 克鲁兹王莲等。

【分类】 睡莲科 王莲属。

【形态特征】 初生叶为针状，长至 2—3 片时为矛状，4—5 片时呈戟形，6—7 片叶时完全展开呈椭圆形至圆形，到 11 片叶后叶缘上翘呈盘状；叶脉成肋条状，似伞架。花很大，单生，直径 25—40 厘米，萼片 4 片，绿褐色，卵状三角形，外部长刺；花瓣数目多，呈倒卵形，长 10—22 厘米；花期为夏季或秋季，傍晚伸出水面开放，花瓣初始为白色，有白兰花香气，次日逐渐闭合，傍晚再次开放，变为淡红色至深红色，第 3 天闭合并沉入水中。9 月前后结果，浆果呈球形，内含 300—500 粒种子，多的可达 700 颗。种子黑色，大小如莲子。

【辨识要点】 大型浮水植物。叶大型，浮于水面，椭圆形至圆形，直径可达 3 米以上。

【分布范围】 喜高温、高湿环境，耐寒力极差，原产南美洲热带水域，自生于河湾、湖畔水域。现已引种到世界各地植物园和公园。中国从 20 世纪 50 年代开始从世界引种，武汉植物园有室内种植。

睡莲

多年生水生草本植物。花形优美，色彩艳丽，常用作公园、家庭水培观赏植物。根状茎可食用或酿酒，能入药，具有消暑、解酒、定惊的功效，可用于治疗中暑、小儿惊风等。全草可作绿肥。

【别称】 子午莲、粉色睡莲等。

【分类】 睡莲科 睡莲属。

【形态特征】 根状茎短粗。叶浮水，纸质或近革质，卵状椭圆形或心状卵形、圆形，长 5—12 厘米，

宽3.5—9厘米，或深2裂呈心形或马蹄形，全缘，两面皆无毛，上面光亮，下面红色或紫色；叶柄长可达60厘米。花直径3—5厘米；花瓣可为白色、黄色、蓝色、紫色、红色、粉红色等，倒卵形、卵形、宽披针形、长圆形；有单瓣、多瓣、重瓣之分，颜色、大小、形状因品种不同而不同；萼片革质，窄卵形或宽披针形，长2—3.5厘米，宿存；雄蕊比花瓣短。浆果球形，直径2—2.5厘米，包裹于宿存萼片。果实卵形至半球形，在水中成熟，不整齐开裂。种子椭圆形，长2—3毫米，黑色。花期6—8月，果期8—10月。

【辨识要点】 水生植物。叶浮水，纸质或近革质，卵状椭圆形或心状卵形、圆形。花形美丽，花瓣可为白色、黄色、蓝色、紫色、红色、粉红色等。

【分布范围】 喜阳光充足、通风的环境，大部分原产北非和东南亚热带地区，少数产于南非、欧洲和亚洲的温带和寒带地区。中国各省区均有栽培，武汉主要见于公园湖泊种植和家庭水培栽种，少数逸生野外，武汉东湖国家湿地公园有专门培植，品种繁多。

再力花

多年生挺水草本植物。是一种优秀的温室花卉，观赏价值很高，有净化水质的作用。繁殖力强、生长速度快，水肥吸收能力强，植株相对高大，对其他水生植物有强烈郁闭和侵扰作用，极易形成单一优势群落。

【别称】 水竹芋、水莲蕉、塔利亚等。

【分类】 竹芋科 水竹芋属。

【形态特征】 根系发达，根茎上密布不定根，地下根和根茎的空间体量与地上部分相当。茎直立，株高100—250厘米。叶基生，4—6片；叶柄40—80厘米，下部鞘状，基部略膨大，叶柄顶端和基部红褐色或淡黄褐色；叶片卵状披针形至长椭圆形，长20—50厘米，宽10—20厘米，硬纸质，浅灰绿色，边缘紫色，全缘；叶背表面被白粉，叶腹面具稀疏柔毛。叶基圆钝，叶尖锐尖；横出平行叶脉。复穗状花序，生于由叶鞘内抽出的总花梗顶端；小花紫红色，2—3朵小花由两个小苞片包被，紧密着生于花轴；多仅有一朵小花可以发育成果实，稀两个或三个均发育成果实。果皮浅绿色，成熟时顶端开裂。成熟种子棕褐色，表面粗糙。

【辨识要点】 挺水草本植物。叶片卵状披针形至长椭圆形。复穗状花序，小花紫红色。

【分布范围】 喜温暖、潮湿、阳光充足的环境，不耐寒冷和干旱，耐半阴。主要生长于河流、水田、池塘、湖泊、沼泽以及滨海滩涂等水湿低地，适生于缓流和静水水域。原产于美国南部和墨西哥。武汉常见于水系园林栽种，在武汉东湖国家湿地公园较多见。

凤眼蓝

浮水草本植物。嫩叶及叶柄可作蔬菜；全草可作家禽家畜饲料。全株可供药用，有除湿祛风热、清凉解毒等功效。原产巴西，后作为观赏植物引种栽培，繁殖迅速，易铺满水面，阻塞水道，影响水质，已在亚、非、欧、北美洲等地的数十个国家形成患害，是典型的外来入侵物种。

【别称】　水葫芦、凤眼莲、浮水莲花、水浮莲、水葫芦苗、布袋莲等。

【分类】　雨久花科　凤眼莲属。

【形态特征】　高30—60厘米。须根发达，棕黑色，长达30厘米。茎极短，具长匍匐枝，匍匐枝淡绿色或带紫色，与母株分离后长成新植物。叶基部丛生，莲座状排列，一般5—10片；叶片圆形，宽卵形或宽菱形，长4.5—14.5厘米，宽5—14厘米，顶端钝圆或微尖，基部宽楔形或在幼时为浅心形，全缘，具弧形脉，表面深绿色，光亮，质地厚实，两边微向上卷，顶部略向下翻卷；叶柄长短不等，中部膨大成囊状或纺锤形，内有许多多边形柱状细胞组成的气室，维管束散布其间，黄绿色至绿色，光滑；叶柄基部有鞘状苞片，长8—11厘米，黄绿色，薄而半透明。穗状花序长17—20厘米，通常具9—12朵花；花被裂片6枚，

花瓣状，卵形、长圆形或倒卵形，紫蓝色，花冠略两侧对称，直径4—6厘米，上方1枚裂片较大，长约3.5厘米，宽约2.4厘米，三色即四周淡紫红色，中间蓝色，在蓝色的中央有一黄色圆斑，其余各片长约3厘米，宽1.5—1.8厘米，下方1枚裂片较狭，宽1.2—1.5厘米，花被片基部合生成筒，外面近基部有腺毛；雄蕊6枚，贴生于花被筒上，3长3短，长的从花被筒喉部伸出，长1.6—2厘米，短的生于近喉部，长3—5毫米。蒴果卵形。花期7—10月，果期8—11月。

【辨识要点】 浮水草本，叶基部丛生，莲座状排列，叶柄中部膨大成囊状或纺锤形，内有气室。穗状花序，花冠淡紫红色，中间蓝色。

【分布范围】 喜欢温暖、湿润、阳光充足的环境，适应性很强。喜生于浅水，在流速不大的水体中也能生长，随水漂流。原产巴西，亚洲热带地区也已广泛生长。引入中国后，作为畜禽饲料，也作为观赏和净化水质的植物推广种植，后逸为野生，广布于中国长江、黄河流域及华南地区，生于水塘、沟渠及稻田中，武汉常见于沟渠湖泊。

梭鱼草

多年生挺水或湿生草本植物。繁殖能力强，生长迅速。可用于家庭盆栽、池栽，也可广泛用于园林美化，栽植于河道两侧、池塘四周、人工湿地，与千屈菜、花叶芦竹、水葱、再力花等相间种植，具有观赏价值。多用于园林湿地、水边、池塘绿化，也可盆栽观赏。

【别称】 白花梭鱼草、海寿花等。

【分类】 雨久花科 梭鱼草属。

【形态特征】 茎直立。须状不定根。叶倒卵状披针形，长可达25厘米，宽可达15厘米，深绿色，叶形多变。穗状花序顶生，花葶直立，常高出叶面，长5—20厘米；小花密集，200朵以上，蓝紫色带黄斑点，直径约10毫米，花被裂片6枚，近圆形，裂片基部连接为筒状。果实初期绿色，成熟后褐色，果皮坚硬。种子椭圆形，直径1—2毫米。花果期5—10月。

【辨识要点】 挺水植物或湿生植物。叶倒卵状披针形。穗状花序顶生，小花密集，蓝紫色带黄斑点。

【分布范围】 喜温、喜阳、喜肥、喜湿，怕风不耐寒，静水及水流缓慢的水域均可生长，适宜在20厘米以下的浅水中生长，美洲热带和温带均有分布。中国华北等地有引种栽培。武汉常见于公园水体岸边人工栽种，武汉东湖国家湿地公园栽种较多。

芦苇

多年水生或湿生的高大禾草，繁殖能力通气组织发达，有净化污水的重要作用。茎秆纤维含量高，是造纸工业的好原料。

【别称】 葭等。

【分类】 禾本科 芦苇属。

【形态特征】 根状茎十分发达。秆直立，高1—3米，直径1—4厘米。大型圆锥花序，长20—40厘米，宽约10厘米，近白色或微黄色；小穗长约1.2厘米，具4花；雄蕊3，花药长1.5—2毫米，黄色。颖果长约1.5毫米。

【辨识要点】 水生或湿生的高大草本。大型圆锥花序。

【分布范围】 全球广泛分布。中国各地均有分布，常生长于江河湖泽、池塘沟渠沿岸和低湿地等各种有水源的空旷地带，武汉常见于湖岸、滩涂或公园、小区人工种植。

荇菜

多年生水生草本植物。叶片形似睡莲，花朵形态别致，颜色鲜黄，挺出水面，多用于点缀庭院水景，观赏性好。再生力很强。

【别称】 莕菜、莲叶莕菜、凫葵、水荷叶等。

【分类】 睡菜科 荇菜属。

【形态特征】 茎细长柔软而多分枝，匍匐生长，节上生不定根，漂浮于水面或生于泥土。叶心状卵形，长宽均为3—5厘米，上表面绿色，边缘具紫黑色斑块，下表面紫色，基部深裂成心形。花多为黄色，直径约2.5厘米，5裂，裂片边缘呈须状，花冠裂片中间有一明显的皱痕，裂片口两侧有毛，裂片基部各有一丛毛，具有五枚腺体。5—10月开花并结果，9—10月果实成熟。边开花边结果。

【辨识要点】 浅水浮水植物。叶心状卵形。花多为黄色，5裂。

【分布范围】 原产中国，分布广泛，西北诸省有分布，日本、朝鲜、韩国等地区均有分布。多生于池沼、湖泊、沟渠、稻田、河流或河口的平稳水域，可绿化水面。武汉常见于小池塘。

荷花

多年生草本挺水植物。根状茎（藕）和嫩茎（藕簪）、种子（莲子）作为蔬菜，供食用；花（荷花）极具观赏性，花瓣也可食用；种子的胚芽（莲心）可入药，亦可泡水喝，有清热解毒的功效；叶（荷叶）可用作餐厨辅材，也可泡制减肥茶。因荷花的根茎生于池塘或河流底部的淤泥中，荷叶、荷花挺出水面，姿态优美，有"出污泥而不染"之说，是很多文艺作品和诗歌创作的对象。

【别称】 莲花、水芙蓉、藕花、芙蕖、水芝、水华、泽芝、中国莲等。

【分类】 莲科 莲属。

【形态特征】根状茎横生于淤泥，肥厚，节间膨大，内有多数纵行通气孔道，节部缢缩，上生黑色鳞叶，下生须状不定根。叶盾状圆形，直径25—90厘米，表面深绿色，被蜡质白粉覆盖，背面灰绿色，全缘稍呈波状，上面光滑，具白粉，下面叶脉从中央射出，有1—2次叉分枝；叶柄粗壮，圆柱形，长1—2米，中空，外面散生小刺。花单生于花梗顶端，直径10—20厘米，有单瓣、复瓣、重瓣等花型；花色有白色、粉红色、深红色、淡紫色、黄色或间色等变化。坚果椭圆形或卵形，长1.8—2.5厘米，果皮革质，坚硬，熟时黑褐色。种子（莲子）卵形或椭圆形，长1.2—1.7厘米，种皮红色或白色。花期6—9月，每日晨开暮闭。果期8—10月。

【辨识要点】 挺水植物。叶大，盾状圆形。花单生于花梗顶端，有单瓣、复瓣、重瓣等花型；花色有白色、粉红色、深红色、淡紫色、黄色或间色等变化。

【分布范围】 适应相对稳定的平静浅水、湖沼、泽地、池塘，对失水十分敏感；喜光，生育期需要全光照的环境。极不耐阴，在半阴处生长就会表现出强烈的趋光性。原产于中国，一般分布在中亚、西亚、北美等地，以及印度、日本等亚热带和温带地区。中国大部分地区都有分布。亚洲一些偏僻的地方至今还有野莲，但大多数的莲花都是人工种植。武汉常见于池塘，多用于观赏，武汉植物园、东湖都有各种品种的研究与栽种。

裸 子 植 物

三尖杉

常绿乔木，裸子植物，优良材用树种。根、茎、叶、种子可提取多种植物碱，有消积、驱虫、抗癌的功效，可用于治疗食积、咳嗽、蛔虫、钩虫病和癌症。

【别称】 山榧树、三尖松、狗尾松、藏杉、桃松、头形杉等。

【分类】 红豆杉科 三尖杉属。

【形态特征】 茎直立，高达 20 米，胸径达 40 厘米，树冠广圆形；小枝对生。叶披针状条形，羽状排成两列，微有弯曲，长 4—13 厘米，宽 3.5—4.5 毫米，中脉隆起，

腹面具白色气孔带。雄球花 8—10 聚生成头状，径约 1 厘米。种子近圆球形或椭圆状卵形，长约 2.5 厘米，假种皮成熟后为红紫色或紫色。花期 4 月，种子 8—10 月成熟。

【辨识要点】 小枝对生，与中间枝形成三叉状。叶披针状条形，羽状排成两列，微有弯曲。

【分布范围】 亚热带特有植物，产中国华东、华中、华南等地区，武汉见于新城区的山顶。

侧柏

常绿乔木，裸子植物，常见绿化树种，可作为家具和建筑等用材，叶和枝可入药，有利尿健胃、收敛止血、解毒散瘀的功效；种子有滋补、安神、强壮的功效。

【别称】 香柏、黄柏、香树、扁桧、香柯树等。

【分类】 柏科 侧柏属。

【形态特征】 茎直立，高 20 余米，胸径 1 米；幼树树冠卵状圆锥形，老树树冠为广卵形，小枝扁平，排列成一个平面。叶鳞形，长 1—3 毫米，紧贴小枝，交叉

对生排列，背面中间有条状腺槽。雌雄同株，花单性。雄球花卵圆形，长约 2 毫米，黄色；雌球花近球形，径约 2 毫米，蓝绿色。球果近卵圆形，长 1.5—2 厘米，成熟后木质，开裂。花期 3—4 月，球果 10 月成熟。

【辨识要点】 小枝扁平，排列成一个平面。叶鳞形，紧贴小枝，交叉对生排列。球果近卵圆形。

【分布范围】 喜光，稍耐阴，主要分布于中国东北、华北、华东、华南、华中、西南各地，西藏也有栽培，武汉常见于公园等公共区域。

水杉

落叶乔木，裸子植物，可作为造纸、建筑、板料等原材料，可净化空气，多为庭园观赏和行道树。

【别称】 梳子杉等。

【分类】 柏科 水杉属。

【形态特征】 茎直立，高可达 35 米，胸径达 2.5 米；基部常膨大；小枝对生。叶对生，假二列羽状复叶状，线形，长 1—1.7 厘米。雌雄同株。球果下垂，长椭圆状球形或近四棱状球形，长 1.8—2.5 厘米。种子扁平，具窄翅。花期 2 月下旬，球果 11 月成熟。

【辨识要点】 小枝对生。叶对生，假二列羽状复叶状。

【分布范围】 喜光，不耐旱，主要分布于湖北、湖南、重庆三省（市）交界的局部地区，后多地引种，武汉常用作行道树或庭院栽种。

池杉

落叶乔木，裸子植物，重要的造树和园林树种，是建筑、造船的优良材料。

【别称】 沼落羽松、池柏、沼杉等。

【分类】 柏科 落羽杉属。

【形态特征】 茎直立，高可达25米。主干挺直，树冠为尖塔形。叶钻状剑形，长0.4—1厘米，基部宽约1毫米，向上渐窄，微内曲，在枝上呈螺旋状伸展。球果近圆球形或矩圆状球形，向下斜垂，长2—4厘米，径1.8—3厘米。种子三角形不规则，长1.3—1.8厘米，宽0.5—1.1厘米，红褐色。花期3—4月，球果10月成熟。

【辨识要点】 叶钻形在枝上呈螺旋状伸展。球果近圆球形矩圆状球形。

【分布范围】 喜光照，耐寒，不耐阴。原产北美东南部，中国长江流域以南多有栽培。武汉常见于行道树栽种。

罗汉松

常绿乔木，裸子植物，是制作器具、农具、文具及家具等的优良原料。

【别称】 金钱松、罗汉柏、罗汉杉、仙柏、长青罗汉杉、土杉、江南柏等。

【分类】 罗汉松科 罗汉松属。

【形态特征】 茎直立，高达20米，胸径达60厘米。叶长披针形或条形，微弯，长7—12厘米，宽7—10毫米，先端尖，螺旋状着生，中脉明显，具光泽。雄球花序腋生，穗状，长3—5厘米；雌球花单生叶腋。种子卵圆形，径约1厘米。花期4—5月，种子8—9月成熟。

【辨识要点】 叶长披针形或条形，微弯，先端尖，螺旋状着生，中脉明显，具光泽。

【分布范围】 喜温暖、湿润的环境，产于中国华东、华南、华中、西南等地，现全国多地均有栽种，武汉常见于盆景或绿地栽种。

苏铁

常绿乔木，裸子植物。木质密度大，是制作家具、器具的良好材料。根、叶、花、种子均可入药。根有补肾、祛风活络的功效，可用于治疗肾虚、牙痛、腰痛、肺结核咯血、风湿关节麻木和疼痛、跌打损伤等；叶有解毒止痛、收敛止血的功效，可用于治疗神经痛、闭经、高血压、胃炎、胃溃疡、癌症及各种出血等；花有益肾固精、理气止痛的功效，可用于治疗痛经、胃痛等；种子有平肝、降血压的功效，可用于治疗高血压。

【别称】　铁树、凤尾草、凤尾蕉、避火蕉、凤尾松等。

【分类】　苏铁科　苏铁属。

【形态特征】　茎直立，高约 2 米，稀达 8 米或更高，圆柱形，有明显排列的菱形叶柄残痕。大型羽状叶螺旋状从茎顶部生出，整叶轮廓倒卵状披针形，长 75—200 厘米，小叶 100 对以上，斜向上对应排列，厚革质，具光泽，条形，坚硬，长 9—18 厘米，宽 4—6 毫米。雄球花长椭圆状圆锥形，长 30—70 厘米，径 8—15 厘米，黄色。大孢子叶长 14—22 厘米，密生淡黄色或淡灰黄色绒毛。种子卵圆形或倒卵圆形，橘红色或褐红色，长 2—4 厘米，径 1.5—3 厘米。花期 6—7 月，种子 10 月成熟。

【辨识要点】　茎直立，圆柱形，有明显排列的菱形叶柄残痕。大型羽状叶螺旋状从茎顶部生出，整叶轮廓倒卵状披针形。雄球花长椭圆状圆锥形，雌球花扁球状。

【分布范围】　喜温暖、湿润的环境，不耐寒，产中国华南地区，各地多有栽培。武汉常见于庭院、公园、校园等公共区域，作为绿化观赏种植。

落羽杉

落叶乔木，裸子植物，是制造船舶、家具及建筑用的良好材料。

【别称】　落羽松等。

【分类】　柏科　落羽杉属。

【形态特征】　茎直立，高可达 25—50 米。叶扁平，条形或剑形，长 1—1.5 厘米，宽约 1 毫米，中脉下凹，在小枝上羽状排列成二列。雄球花卵圆形，径约 2.5 厘米；在小枝顶端排列成圆锥花序或总状花序。种子褐色，三角形不规则，长 1.2—1.8 厘米。球果 10 月成熟。

【辨识要点】　叶扁平，条形或剑形，中脉下凹，在小枝上羽状排列成二列。

【分布范围】　喜光照，耐低温、盐碱、干旱。原产北美及墨西哥，现中国长江以南均引种栽培，生长良好，武汉常作为行道树。

银杏

落叶乔木，裸子植物，观赏性树种。种子俗称白果，食药两用，有止咳平喘的功效，可用于治疗咳嗽、哮喘、遗精遗尿、白带异常等；银杏叶提取物对治疗冠心病、心绞痛和高脂血症有明显的效果，对口腔癌具有一定的疗效。外种皮有毒，不可误食。

【别称】 白果树、公孙树等。

【分类】 银杏科 银杏属。

【形态特征】 茎直立，高可达 40 米，胸径可达 4 米。叶扇形，在长枝上辐射状散生，短枝上 3—5 片簇生；叉状脉序。球花雌雄异株；雄球花柔荑花序状，下垂；雌球花具长梗，梗端常分两叉，风媒传粉。种子橙黄色或黄色，被白粉，近圆球形或卵圆形、长倒卵形、椭圆形，长 2.5—3.5 厘米，径 2 厘米，外种皮肉质；中种皮白色，坚硬；内种皮膜质，淡红褐色。花期 3—4 月，种子 9—10 月成熟。

【辨识要点】 叶扇形，在长枝上辐射状散生，短枝上 3—5 片簇生；叉状脉序。

【分布范围】 喜光照、温暖、湿润的环境，中生代孑遗树种，仅中国浙江天目山有野生状态的树木，现世界各地广泛栽种。武汉常见于公园、庭院、校园、小区绿化或观赏栽种。

雪松

常绿乔木，裸子植物，具有较强的防尘、减噪与杀菌能力，是庭园观赏树种和绿化树种。木材可供建筑用。雪松木提炼的精油有滋补、防腐、杀菌、补虚、利尿、调经、收敛、祛痰、杀虫及镇静等功效，可用于治疗支气管感染、粉刺、头皮屑、关节炎、风湿等病，还可用于舒缓精神紧张、焦虑等。

【别称】 塔松、香柏、喜马拉雅雪松等。

【分类】 松科 雪松属。

【形态特征】 茎直立，高达 30 米左右，胸径可达 3 米，树冠轮廓圆锥状或塔状。叶针形，坚硬，长 2.5—5 厘米，宽 1—1.5 毫米。雄球花椭圆状卵圆形或长卵圆形，长 2—3 厘米，径约 1 厘米；雌球花卵圆形，长约 8 毫米，径约 5 毫米。球果阔椭圆形或卵圆形，长 7—12 厘米，径 5—9 厘米，成熟后红褐色。种子近三角状。10—11 月开花。球果次年成熟，赤褐色，椭圆状卵形。

【辨识要点】 树冠轮廓圆锥状或塔状。叶针形，坚硬。

【分布范围】 喜阳光充足、温和的环境，稍耐阴。产于亚洲西部和非洲。中国多地栽培，作庭院树。武汉常用作庭院观赏和绿植栽种。